1 MISCHBEHÄLTER

Verwendung

Der auf der Gesamtzeichnung dargestellte Mischbehälter soll im Rahmen eines Versuchsaufbaus zum Zusammenführen unterschiedlichen Granulats dienen.

Gesamtauftrag

Nach der Gesamtzeichnung mit Stückliste und anderen technischen Unterlagen sind alle Bauteile herzustellen, die nicht als Fertig- oder Normteil bezogen werden können. Hierzu ist zunächst die Gesamtzeichnung zu analysieren. Anschließend sind die unterschiedlichen Bauteile nach einzelnen Arbeitsaufträgen zu fertigen.

Arbeitsaufträge

Zum Erfüllen des Gesamtauftrages sind folgende Arbeitsaufträge auszuführen:

1.1 Analyse der Gesamtzeichnung

1.2 Fertigen des Befestigungsflansches (Pos. 5),

1.3 Fertigen des Haltebügels (Pos. 6),

1.4 Abwickeln des Einfüllbehälters (Pos. 1),

1.5 Abwickeln des Einfüllstutzens (Pos. 4),

1.6 Abwickeln des Übergangstückes (Pos. 2).

1.7 Fertigen der Blechzuschnitte

1.8 Herstellen des Haltebügels präsentieren

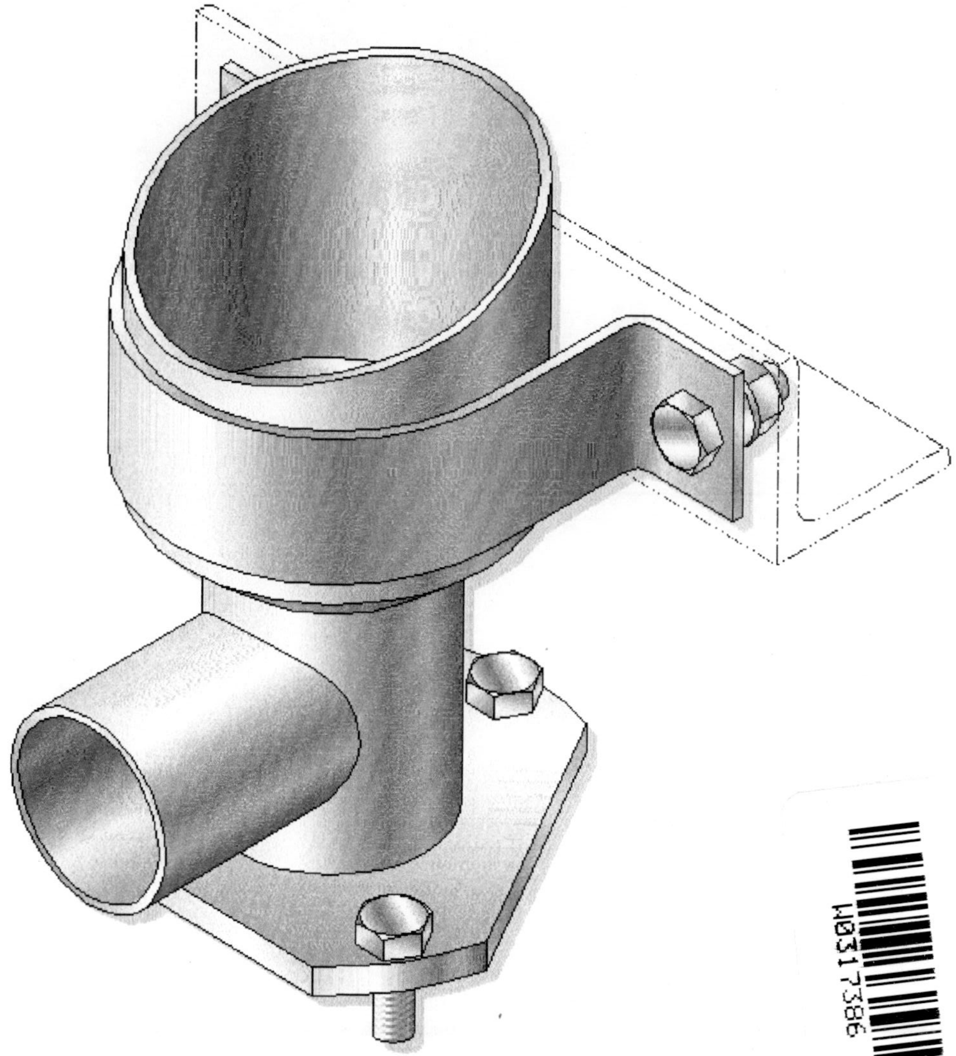

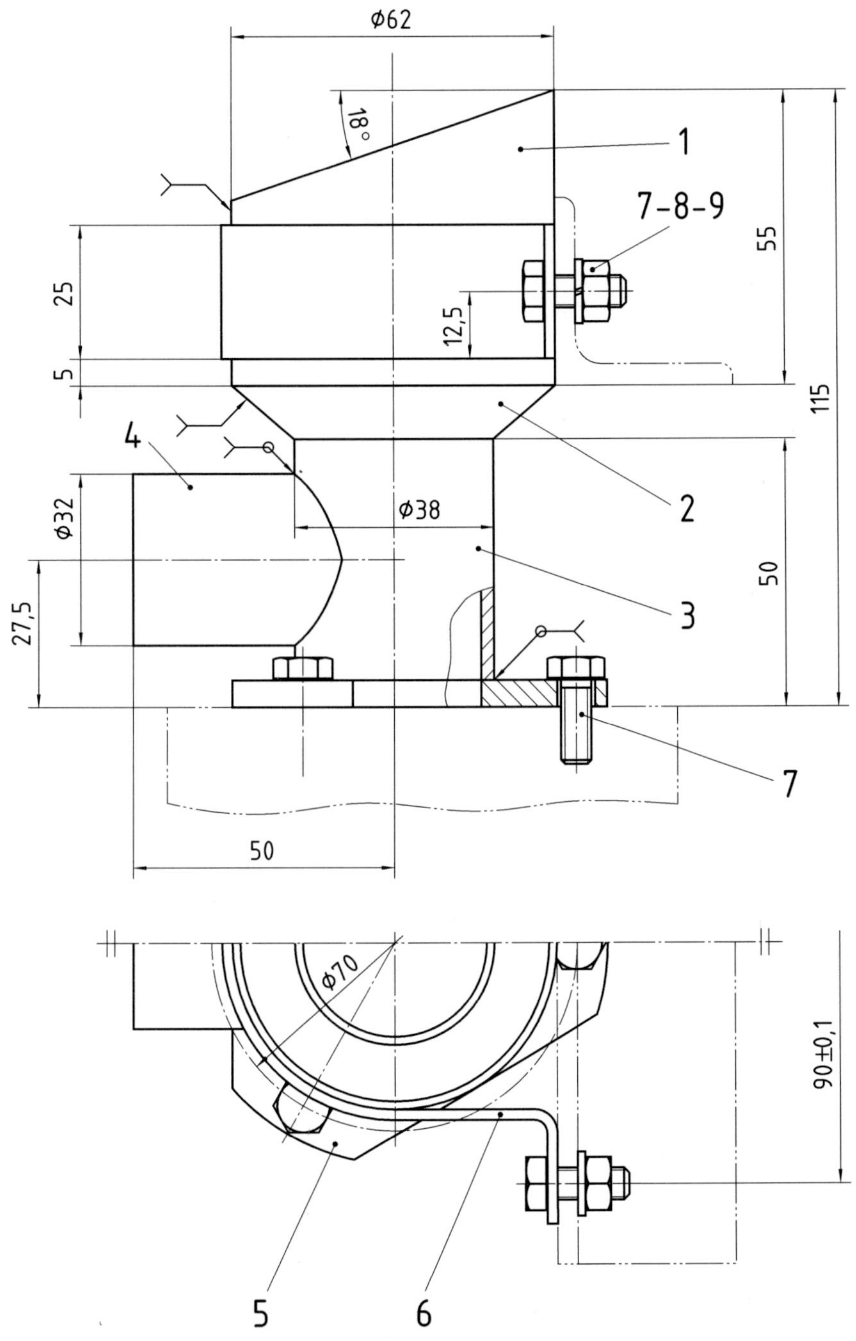

Pos.	Menge	Einh.	Benennung	Sachnummer/Norm-Kurzbezeichnung	Bemerkung
1	2	3	4	5	6
9	2	Stck.	Federring	DIN 128 – 6	
8	2	Stck.	Sechskantmutter	DIN EN 24032 – M6 – 8	
7	5	Stck.	Sechskantschraube	DIN EN 24017 – M6 x 16 – 8.8	
6	1	Stck.	Haltebügel	01-06	
5	1	Stck.	Befestigungsflansch	01-05	
4	1	Stck.	Einfüllstutzen	01-04	
3	1	Stck.	Rohr	DIN 2458 – S 235 – 38 x 2,3 x 45	
2	1	Stck.	Übergangsstück	01-02	
1	1	Stck.	Einfüllbehälter	01-01	

DIN ISO 2768 – m	DIN ISO 1302	Maßstab 1:1	(Masse)
	Datum	Name	
Bearb.	11.07.04	W. Rund	Mischbehälter
Gepr.			
Norm			
Abt.			
westermann			01-00
			Blat

Analyse der Gesamtzeichnung

1. Zu Beginn Ihres Arbeitsauftrages erhalten Sie eine Gesamtzeichnung mit Stückliste. Beschreiben Sie anhand dieser Unterlagen den Aufbau des Mischbehälters und tragen Sie das Ergebnis mündlich vor (z. B. einer Arbeitsgruppe).

Aufbau des Mischbehälters:

- Der Mischbehälter besteht aus vier Hohlkörpern (Pos. 1 – 4). Das ist anhand der Bemaßung, der Darstellung in der Draufsicht und an den Benennungen in der Stückliste zu erkennen.
- Das Übergangsstück (Pos. 2) hat die Form eines Kegelstumpfes.
- Die Hohlkörper sind durch Löten gefügt.
- Mithilfe des Befestigungsflansches (Pos. 5) und drei Sechskantschrauben (Pos. 7) wird der Mischbehälter auf einer Unterlage befestigt.
- Zur Stabilisierung dient ein Haltebügel (Pos. 6). Dieser ist mit zwei Sechskantschrauben (Pos. 7) und Sechskantmuttern (Pos. 8) an einem Winkelstahlprofil angeschraubt. Die Sechskantmuttern sind durch jeweils einen Federring (Pos. 9) gesichert.
- Pos. 1 und 2 sowie 4 bis 6 sind Fertigungsteile.
- Pos. 3 und 7 bis 9 sind Normteile.
- Informationen über die Bauteilabmessungen der Normteile gehen aus der Stückliste hervor.
- Die Anzahl der Normteile kann den Spalten Menge und Einheit entnommen werden.

Name	Klasse	Datum

1.2 Fertigen des Befestigungsflansches (Pos. 5)

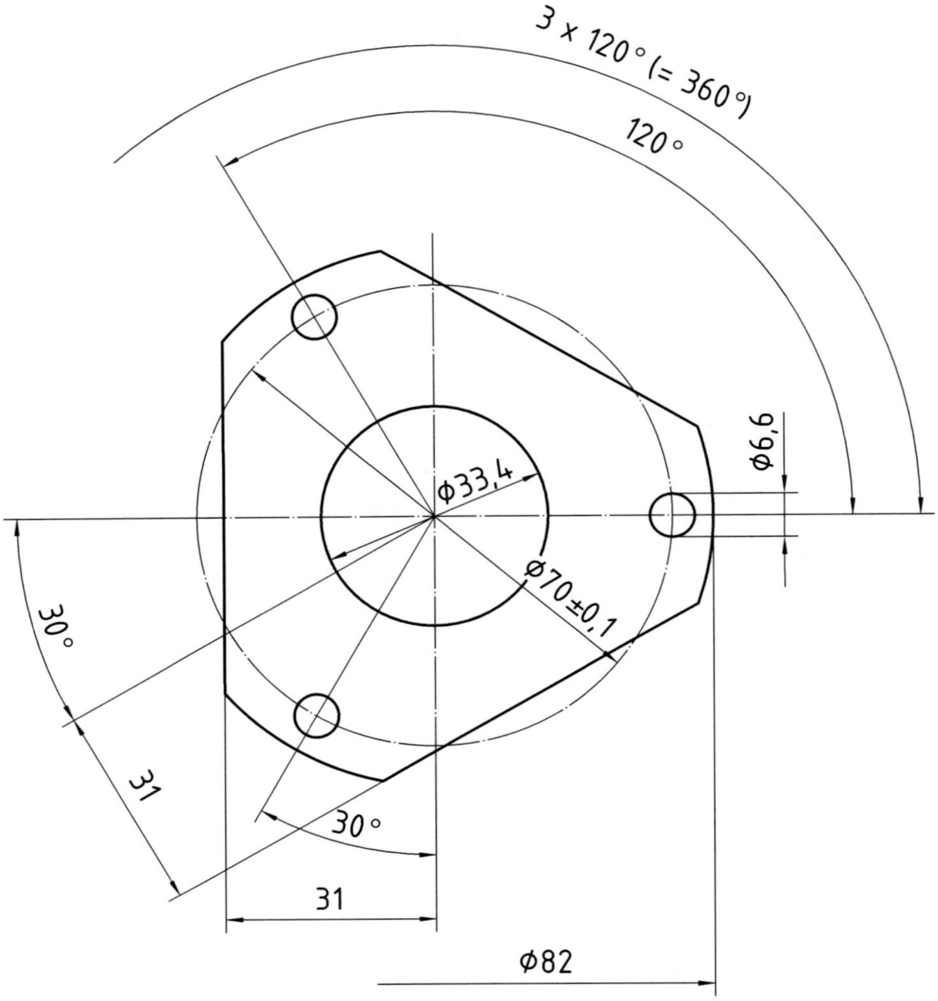

t = 5

Kanten entgratet

DIN ISO 2768 – m

DIN ISO 1302

Maßstab 1:1

(Masse) X

Bl EN 10 029 – 5 x ⌀82 – S 235 JR

	Datum	Name
Bearb.	10/2004	W. Rund
Gepr.		
Norm		
Abt.		

Befestigungsflansch

westermann

01-05

Blatt

Bl.

Zust. Änderung Datum Name

Ursprung

Ersatz für :

Ersetzt durch :

Name Klasse Datum

Fertigen des Befestigungsflansches (Pos. 5) **1.2**

1. Der Befestigungsflansch ist auf der Teil-Zeichnung 01-05 in nur einer Ansicht dargestellt. Beschreiben Sie die Grundform des Werkstückes und nennen Sie die zugehörigen Grundmaße.

Grundform:	zylindrische, flache Scheibe
Grundmaße:	t = 5 (Dicke), Ø 82 (Außendurchmesser)

2. Der Befestigungsflansch ist mit unterschiedlichen Linienarten dargestellt. Ordnen Sie den Linienarten einen Verwendungszweck zu.

Volllinien, breit:	sichtbare Kanten bzw. sichtbare Umrisse
Volllinien, schmal:	Maßlinien, Maßhilfslinien
Strichpunktlinie:	Mittellinien, Teilkreisdurchmesser

3. Aus welchen Elementen besteht eine Maßangabe für ein Längenmaß?

Maßlinie, Maßhilfslinie, Maßlinienbegrenzung (Pfeil), Maßzahl.

4. Welche Bedeutung hat die Maßzahlangabe 3 x 120° (= 360°)?

Auf einem Vollkreis befinden sich drei Bohrungen gleichmäßig am Umfang verteilt.

5. Begründen Sie die Darstellung der Maßlinie des Maßes Ø 82 mit nur einem Maßpfeil und verkürzter Maßlinie.

Der Außendurchmesser des Flansches ist nicht vollständig sichtbar. Deshalb kann die Maßlinie nicht bis zum gegenüberliegenden Maßpunkt durchgezogen werden.

6. Im Schriftfeld ist die Werkstoff- bzw. Halbzeugbezeichnung mit Bl EN 10029 - 5 x Ø 82 - S 235 JR angegeben. Erklären Sie diese Angabe.

Bl EN 10 029	Blech nach DIN EN 10 029, warmgewalzt.
5 x Ø 82	Blechdicke 5 mm, Außendurchmesser 82 mm.
S 235 JR	– S ist die Kennzeichnung für die Stahlgruppe (Stahlbau). – 235 bedeutet Streckgrenze = 235 N/mm². – JR bezieht sich auf die Kerbschlagarbeit.

7. Geben Sie für den Stahl S 235 JR die Einteilung nach der Verwendung und der Hauptgüteklasse an.

Einteilung nach der Verwendung:	Baustahl → unlegierter Qualitätsstahl
Einteilung nach der Hauptgüteklasse:	Qualitätsstahl → unlegierter Stahl zur Erfüllung normaler Anforderungen

Name	Klasse	Datum

1.2 Fertigen des Befestigungsflansches (Pos. 5)

8. Sie erhalten den Befestigungsflansch als Halbfertigteil mit dem Auftrag, ihn anzureißen. Beschreiben Sie was Anreißen bedeutet.

Die Maße und Formen werden nach der Teilzeichnung mit z. B. Reißnadel, Anschlagwinkel oder Stangenzirkel auf das herzustellende Roh- oder Halbfertigteil übertragen.

9. Erstellen Sie einen Arbeitsplan zum Anreißen des Befestigungsflansches.

Lfd. Nr.	Arbeitsvorgang	Arbeitsmittel	Arbeitswerte/ Bemerkungen
1	Halbfertigteil entgraten	Flachfeile	Hieb-Nr. 1
2	Maße des Halbfertigteils prüfen	Messschieber	
3	Mitte der Scheibe anreißen	Zentrierwinkel, Reißnadel	
4	Drei Anrisslinien unter 30° ritzen	Winkelmesser, Stahlmaßstab, Reißnadel	
5	Mitte der Scheibe körnen	Körner, Hammer	
6	Teilkreis Ø 70 anreißen	Anreißzirkel	
7	Winkelteilung 3 x 120° anreißen	Winkelmesser, Stahlmaßstab, Reißnadel	
8	Mittelpunkte der Bohrungen Ø 6,6 körnen	Körner, Hammer	

10. Mit einer Handsäge sind Teile des Flansches abzutrennen. Beschreiben und begründen Sie die Auswahl eines geeigneten Handsägeblattes.

Die Auswahl eines Sägeblattes richtet sich nach der Festigkeit des zu bearbeitenden Werkstoffes und nach der Dicke des Werkstückes.

Der Werkstoff S 235 des Flansches weist eine mittlere Festigkeit auf. Deshalb kann ein Sägeblatt mit einer mittleren Zahnteilung (22 Zähne/inch) verwendet werden.

11. Ein anderer Befestigungsflansch soll auf einer Maschinensäge getrennt werden. Nennen Sie mindestens drei Unterscheidungsmerkmale zwischen einem Maschinen- und Handsägeblatt.

Maschinensägeblatt	Handsägeblatt
meist Bogenzähne	meist Winkelzähne
Bogenzähne stabiler als Winkelzähne	Winkelzähne nicht so stabil wie Bogenzähne
kleiner Freiwinkel	großer Freiwinkel
...	...

12. Nach dem Sägen ist der Befestigungsflansch zu einer Bohrstation zu bringen. Welche Arbeit sollten Sie vor dem Transport zu dieser Station noch durchführen?

Entgraten der Sägeflächen

Name	Klasse	Datum

Fertigen des Befestigungsflansches (Pos. 5)

13. Nach dem Bohren des Flansches erhalten Sie das Werkstück mit dem Auftrag zurück, daran Längen zu prüfen. Ermitteln Sie zunächst die geforderten Toleranzen nach der Zeichnung.

Maße ohne Toleranzangaben unterliegen den Allgemeintoleranzen nach DIN ISO 2768, Genauigkeitsgrad mittel. Das kleinste Maß beträgt 5 mm, das größte Maß 82 mm. Folglich liegt die geforderte Genauigkeit zwischen ± 0,1 und ± 0,3 mm.

Das Maß 70 unterliegt nicht den Allgemeintoleranzen. Hier sind die Grenzabmaße mit ± 0,1 mm festgelegt.

14. Beschreiben Sie die Durchführung der Prüfung für das Längenmaß 31.

Mit dem Messschieber den Abstand zwischen dem Außendurchmesser Ø 82 und der gegenüberliegenden Planfläche (Maß 31) messen. Das Maß muss zwischen 71,7 und 72,3 mm liegen. Dieser Messvorgang ist an den beiden anderen Planflächen zu wiederholen.

15. Berechnen Sie das Kontrollmaß l zur Prüfung des Durchmessers 70.

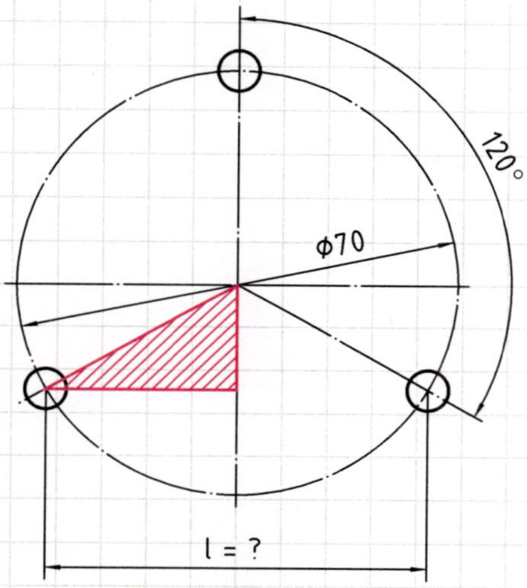

$c^2 = \sqrt{a^2 + b^2}$

$b = \sqrt{c^2 - a^2}$

$b = \sqrt{35^2 - 17{,}5^2}$

$b = 30{,}31$

$l = b \cdot 2$

$l = \underline{\underline{60{,}62 \text{ mm}}}$

16. Beschreiben Sie die praktische Durchführung zum Prüfen des Maßes l aus Aufgabe 15.

- Bolzen Ø 6,6 in eine Bohrung einführen und einen weiteren Bolzen in eine andere Bohrung einführen.
- Innerer Abstand zwischen den Bolzen mit einem Messschieber messen. Der Wert muss 54,02 mm betragen.
- Zu diesem Wert muss jeweils ein halber Bohrungsmesser addiert werden: 54,02 mm + 2 · 3,3.

17. Beim Prüfen eines der 30°-Winkel ermitteln Sie das Istmaß 31°. Geben Sie an, ob die zulässigen Abweichungen noch innerhalb der Toleranz liegen.

Ja. Die zulässigen Abweichungen für diesen Winkel betragen ± 1°.

18. Nennen Sie mögliche Ursachen für Prüfabweichungen.

Gerätefehler, Prüfstückfehler, umweltbedingte Fehler, persönliche Fehler.

Name	Klasse	Datum

1.3 Fertigen des Haltebügels

1. Zur Herstellung des Haltebügels wird eine Teil-Zeichnung benötigt. Bemaßen Sie den Haltebügel (Pos. 6). Dabei sind folgende Hinweise zu beachten:
   - Bestimmen Sie den kleinstzulässigen Biegeradius für die Schenkel nach DIN 250, wenn für den Bügel ein Werkstoff mit einer Mindestzugfestigkeit von ≤ 390 N/mm^2 verwendet werden soll.
   - Die Gesamtlänge des fertig gebogenen Bügels beträgt 105 mm.
   - Die Blechdicke beträgt 2 mm.

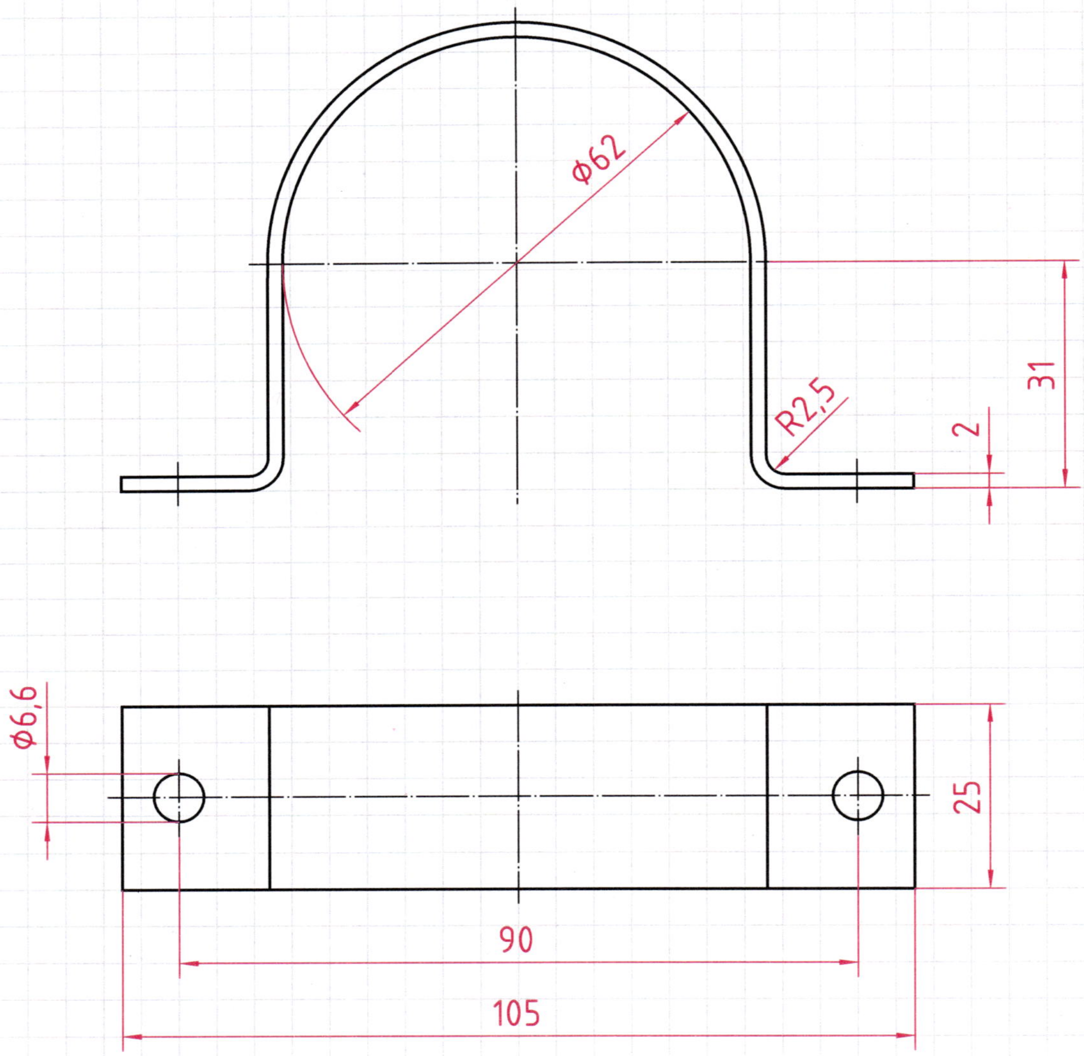

Name	Klasse	Datum

2. Erstellen Sie eine Zuschnittszeichnung für den Haltebügel mit allen Maßen. Berechnen Sie hierzu die gestreckte Länge und die Lage der Biegelinien.

   Hinweis:
   Die Länge der kleinen Biegeradien sind unter Berücksichtigung des Ausgleichsfaktors zu berechnen.
   Der 180°-Bogen ist über die neutrale Faser zu berechnen.

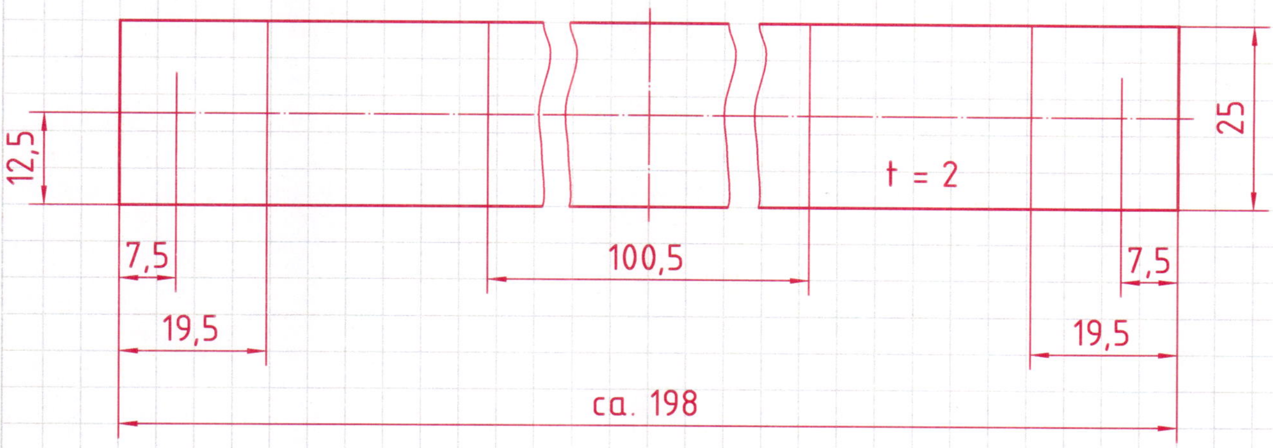

Ausgleichsfaktor v nach DIN 6935 = 4

Länge eines Winkelstückes:

$l = l_1 + l_2 - v$

$l = 21{,}5 + 31 - 4$

$l = 48{,}5$

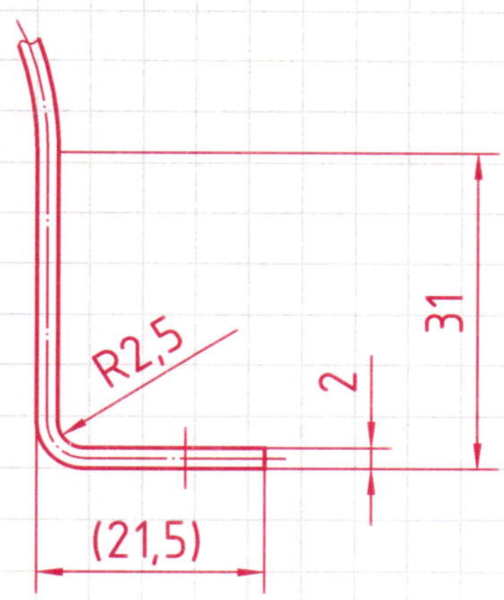

Gestreckte Länge des 180°-Bogens Ø 64:

$$l_B = \frac{d \cdot \pi \cdot \alpha}{360°}$$

$$l_B = \frac{64 \cdot \pi \cdot 180°}{360°}$$

$$l_B = \underline{100{,}53 \text{ mm}}$$

$l_{gesamt} = 48{,}5 \cdot 2 + 100{,}53$

$l_{gesamt} = 197{,}53 \text{ mm} \approx \underline{\underline{198 \text{ mm}}}$

Name	Klasse	Datum

1.3 Fertigen des Haltebügels

3. Der Haltebügel soll aus dem Werkstoff S 235 JR gefertigt werden. Nennen Sie die der Werkstoffbezeichnung anzufügende Kennzeichnung, wenn eine Kaltumformbarkeit gewährleistet werden soll.

Der Kennbuchstabe C (Kaltbiegen, Abkanten und Kaltbördeln gewährleistet).

4. Der Zuschnitt für den Bügel soll aus einer größeren Blechtafel herausgeschnitten werden. Begründen Sie, warum die Lage des Zuschnitts so gewählt werden soll, dass die Biegekanten senkrecht zur Walzrichtung des Bleches liegen sollen.

Hierbei wird vermieden, dass sich an der Außenkante der Zugzone Risse bilden, die zur Zerstörung des gebogenen Werkstückes führen könnten.

5. Beschreiben Sie die sich beim Biegen ergebenden Querschnittsveränderungen.

Zugzone:	Innerhalb der Zugzone werden die Werkstofffasern gestreckt. Am Querschnitt entsteht eine Einschnürung.
Druckzone:	Innerhalb der Druckzone werden die Werkstofffasern gestaucht. Am Querschnitt entsteht eine Verbreiterung.
Neutrale Faser:	Zwischen der Zug- und Druckzone liegt die neutrale Faser, die weder gestreckt noch gestaucht wird.

6. Beschreiben Sie, wie Sie die Rückfederung beim Biegen der 90°-Schenkel berücksichtigen.

Der Schenkel muss um etwas mehr als 90° gebogen werden (etwa 91° nach Tabellenbuch), damit nach der Rückfederung der geforderte Winkel erreicht wird.

7. Beschreiben Sie die Möglichkeiten zum Biegen des Haltebügels.

Der Zuschnitt kann im Schraubstock oder mit einer Biegevorrichtung jeweils mit Biegeklötzen (R 2,5 und R 31) erfolgen. Zuerst können der 180°-Bogen durch Runden und dann die 90°-Schenkel durch Abkanten gefertigt werden.

8. Mit welchen Messgeräten prüfen Sie die Maße des Bügels nach dem Biegen? Begründen Sie Ihre Auswahl.

Die Allgemeintoleranzen sind nach DIN ISO 2768 – m festgelegt. Daher genügt für die Längenmaße ein Messschieber mit einem einfachen 1/10-Nonius. Für die Winkelmaße können Flachwinkel oder einfache Winkelmesser mit einer Genauigkeit von 1° verwendet werden.

Name	Klasse	Datum

1. a) Berechnen Sie das Maß l in der vorgegebenen Zeichnung.
   b) Zeichnen Sie die Abwicklung des Einfüllbehälters (Pos. 1) im Maßstab 1:1 im Querformat.
   c) Tragen Sie die Grundmaße in den Zuschnitt ein.

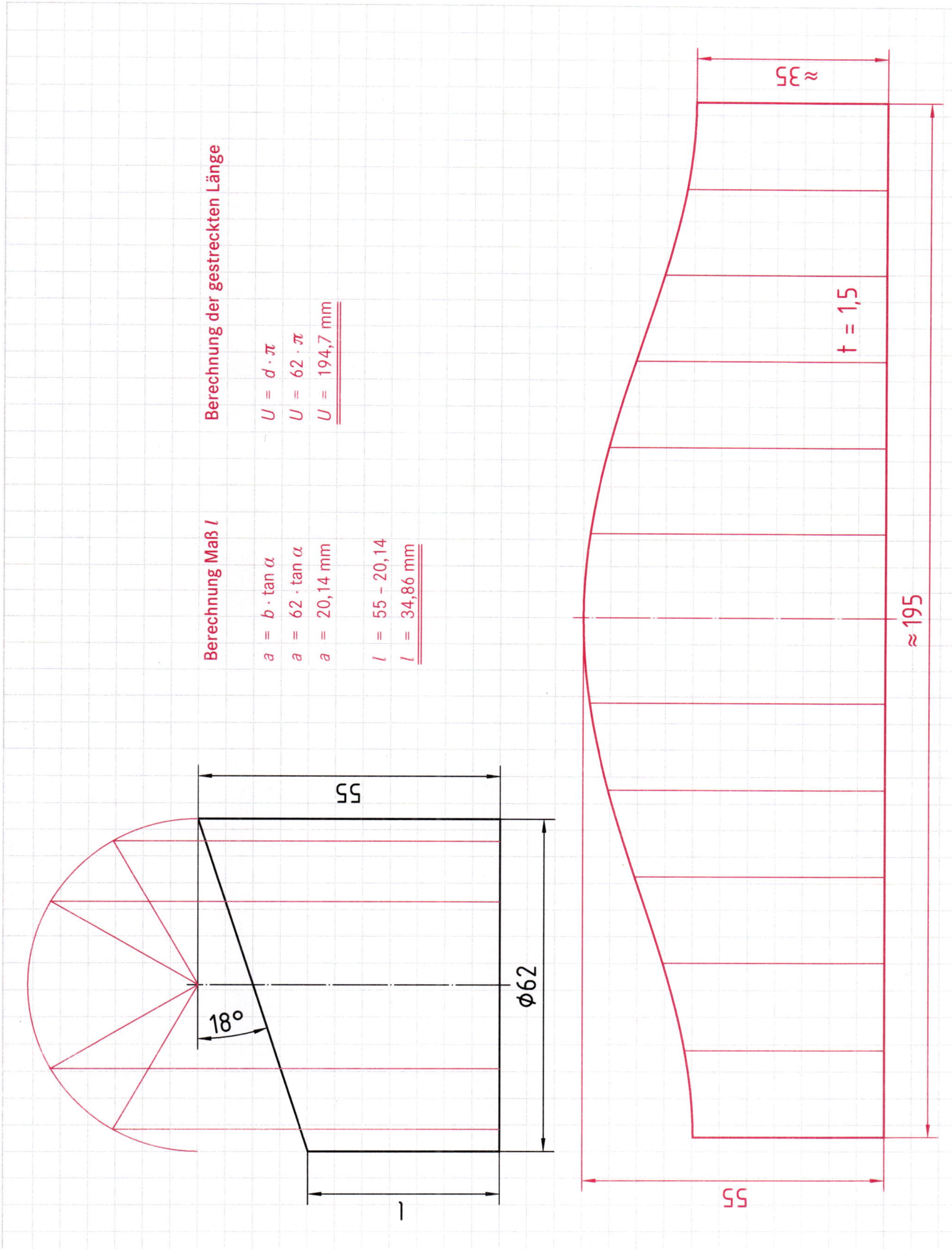

Name Klasse Datum

1.5 Abwickeln des Einfüllstutzens

1. a) Berechnen Sie das Maß l in der vorgegebenen Zeichnung.
   b) Berechnen Sie die gestreckte Länge der Abwicklung des Einfüllstutzens (Pos. 4).
   c) Tragen Sie in den Zuschnitt des Einfüllstutzens alle Grundmaße ein.

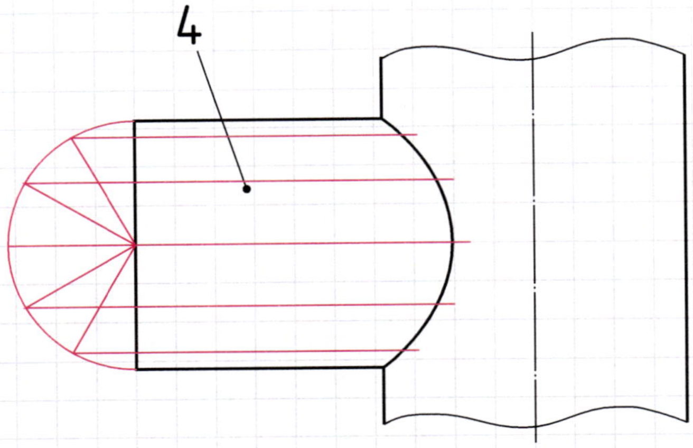

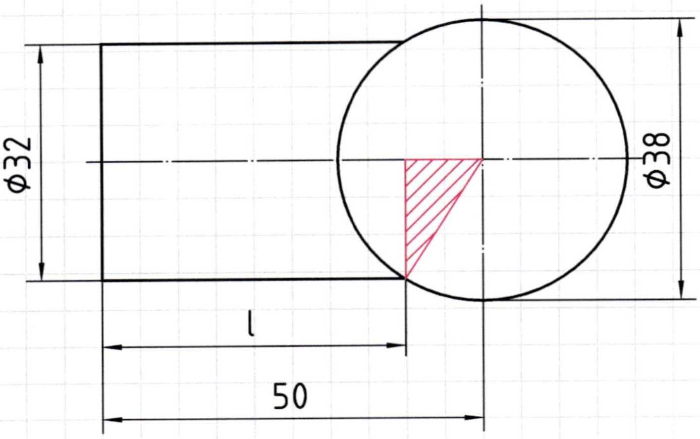

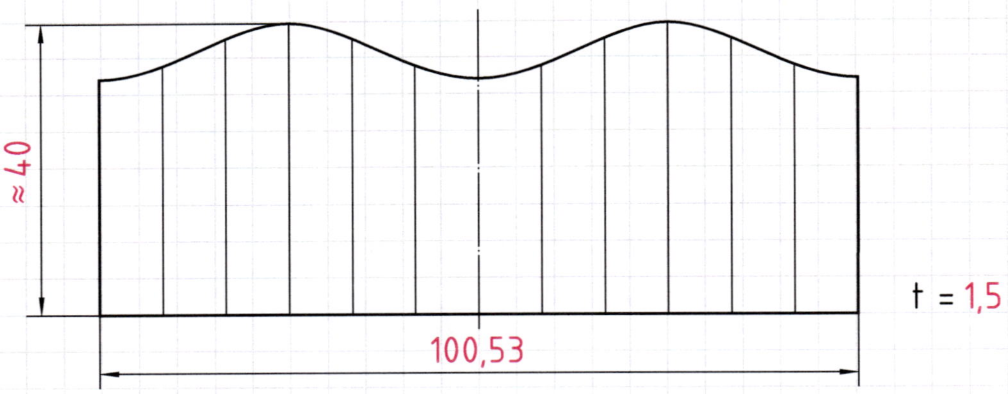

Kontrollmaß l

$c^2 = \sqrt{a^2 + b^2}$

$a = \sqrt{c^2 - b^2}$

$a = \sqrt{19^2 - 16^2}$

$a = 10{,}24$ mm

$l = 50 - 10{,}24$

$l = 39{,}76$ mm

Gestreckte Länge

$U = d \cdot \pi$

$U = 32 \cdot \pi$

$U = 100{,}53$ mm

Name Klasse Datum

Abwickeln des Übergangsstückes

1. a) Führen Sie alle zur Herstellung der Abwicklung erforderlichen Berechnungen aus.
   b) Bemaßen Sie die Ansicht und den Zuschnitt.

$$L_1 = \sqrt{10^2 + \left(\frac{62-38}{2}\right)^2}$$

$$L_1 = \underline{\underline{15{,}6\ \text{mm}}}$$

$$L = \frac{\frac{62}{2} \cdot 15{,}6}{\frac{62-38}{2}}$$

$$L = \underline{\underline{40{,}3\ \text{mm}}}$$

$$\alpha = \frac{D \cdot 180}{L}$$

$$\alpha = \frac{62 \cdot 180}{40{,}35}$$

$$\alpha = \underline{\underline{276{,}55°}}$$

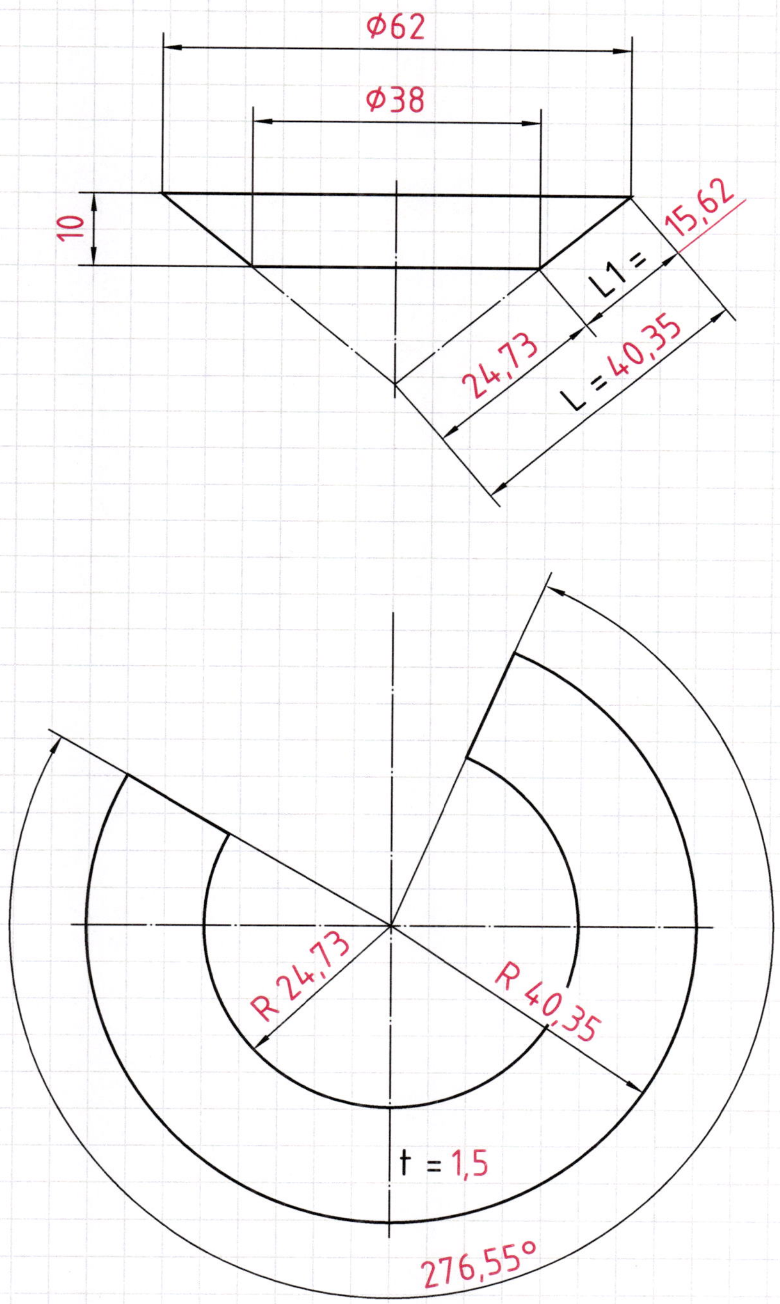

Name	Klasse	Datum

1.7 Fertigen der Blechzuschnitte

Lösung

zu Aufgabe 1: Es wird eine Blechtafel mit den Mindestabmessungen 195 x 118 mm benötigt.

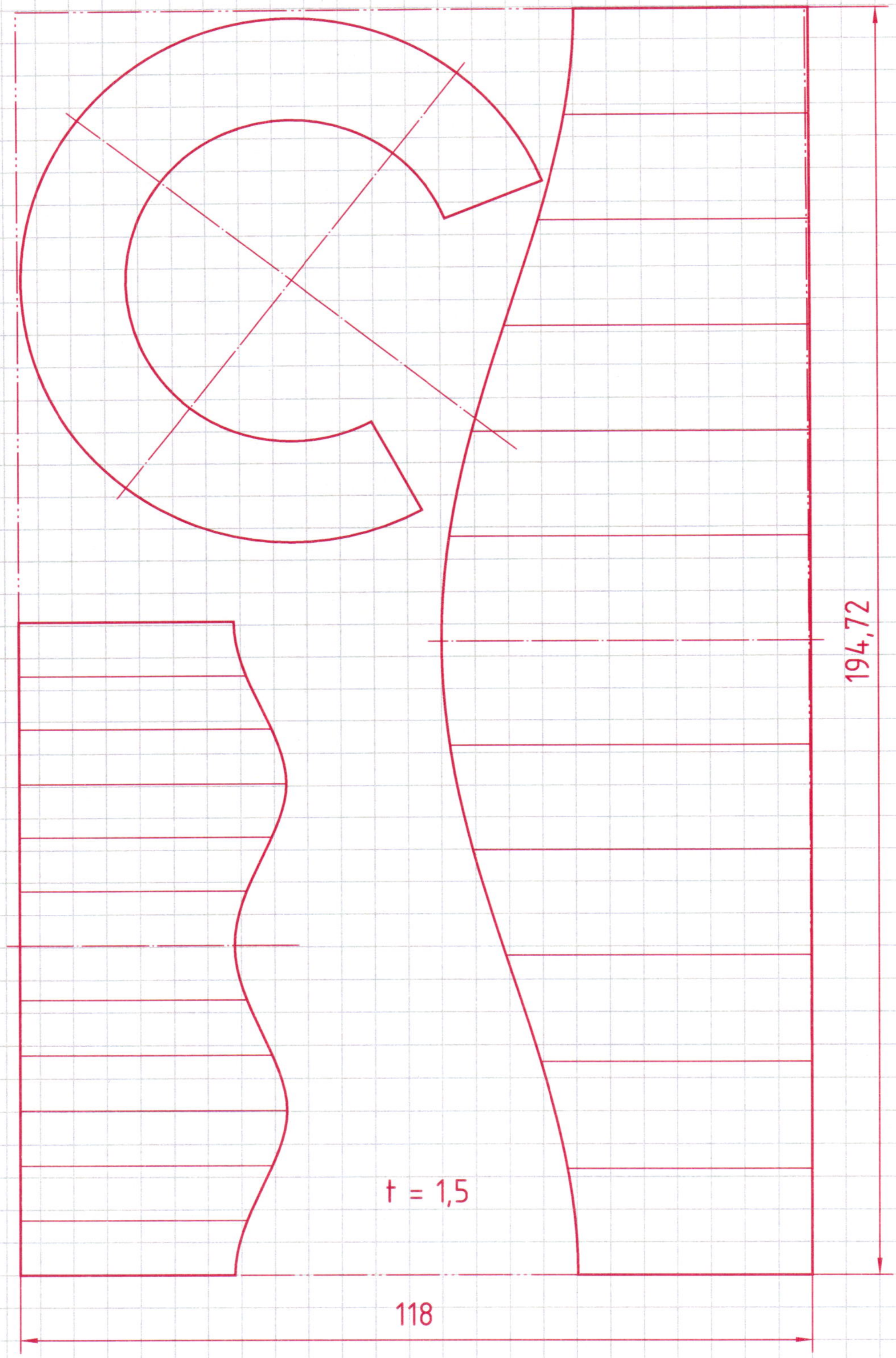

Name Klasse Datum

2. Die Konturen der Abwicklungen sind auf einer Blechtafel anzureißen. Beschreiben Sie, welche Hilfe die Zeichnungen im Maßstab 1:1 dabei sein können.

a) Aus der Zeichnung können Maße (z.B. mit einem Anreißzirkel) abgegriffen und auf das Blech übertragen werden.

b) Die Zeichnungen können auf das Blech gelegt werden, um Konturpunkte mit dem Körner auf das Blech zu übertragen.

3. Die Zuschnitte sind mit Handblechscheren herzustellen. Ordnen Sie den einzelnen Scheraufgaben die jeweilige Scherenart zu.

a) Außenkreisform des Übergangsstückes (Pos. 2) = gerade Blechschere.

b) Kurvenformen des Einfüllbehälters (Pos. 1) und des Einfüllstutzens (Pos. 4) = gerade Blechschere.

c) gerade Schnitte aller Blechteile = Durchlaufschere.

d) Innenkreisform des Übergangsstücks (Pos. 2) = Lochschere.

4. Beim Scheren eines Bleches stellen Sie rissige Schnittflächen mit starker Gratbildung fest. Beschreiben Sie die Ursache und die Maßnahme, um diesen Mangel zu beseitigen.

Der Schneidspalt a ist zu groß. Die Größe des Schneidspalts kann nach der Formel a = 2...5% der Blechdicke eingestellt werden (siehe auch Tabellen Metalltechnik, VDI-Richtlinie).

5. a) Beim Scheren eines Bleches soll die Scherkraft F_S = 410 N betragen. Berechnen Sie die dazu von Ihnen aufzubringende Handkraft F_H, wenn Ihre Schere eine Hebellänge von l_H = 160 mm hat und die Länge des Hebelarms für die Scherkraft l_S = 30 mm beträgt.

b) Erklären Sie vor einer Gruppe anhand dieser Aufgabe und einer Prinzipskizze das Hebelgesetz.

$$F_S \cdot l_S = F_H \cdot l_H$$

$$F_H = \frac{F_S \cdot l_S}{l_H} = \frac{410\ \text{N} \cdot 30\ \text{mm}}{160\ \text{mm}}$$

$$F_H = \underline{\underline{76{,}8\ \text{N}}}$$

- Kraftmoment $M = F \cdot l$
- $F_S \cdot l_S = F_H \cdot l_H$
- Hebelgesetz = $M_l = M_r$

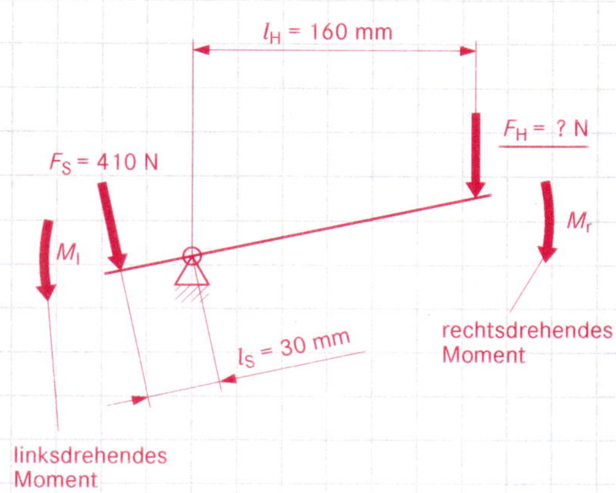

Name	Klasse	Datum

1.8 Herstellen des Haltebügels präsentieren

Lösungsvorschlag

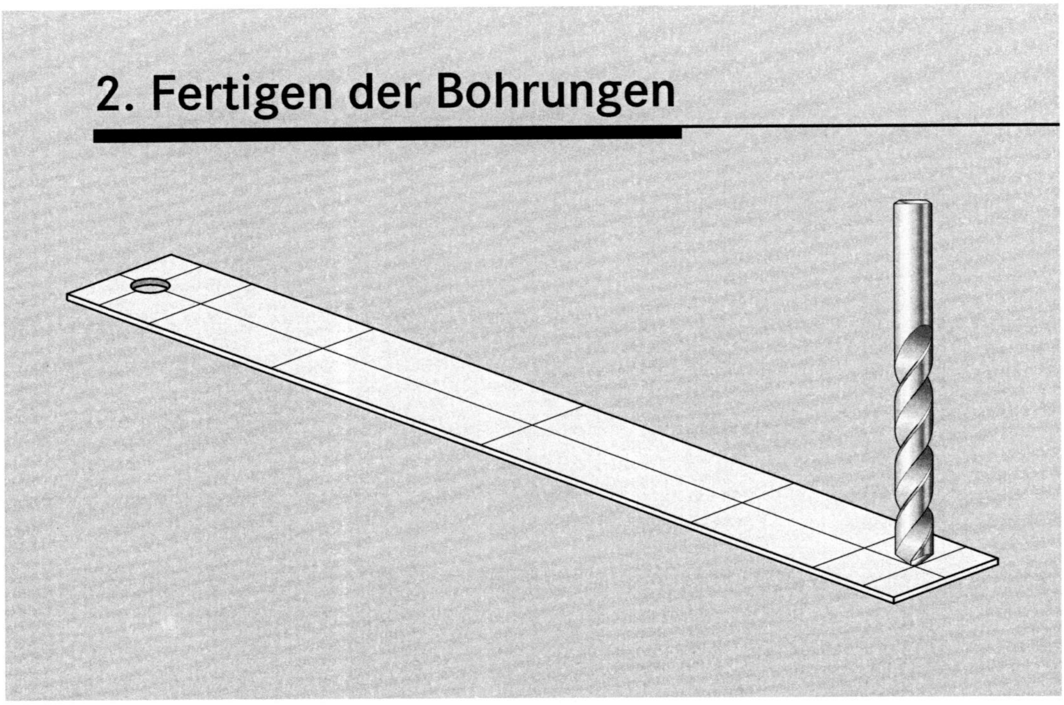

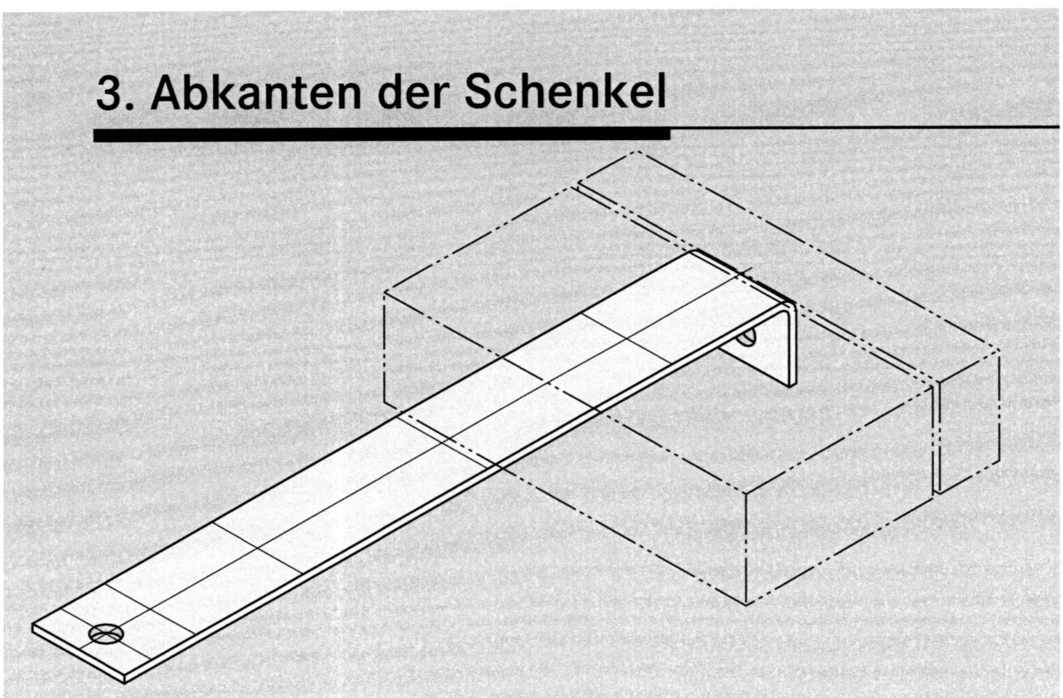

Name	Klasse	Datum

Lösungsvorschlag

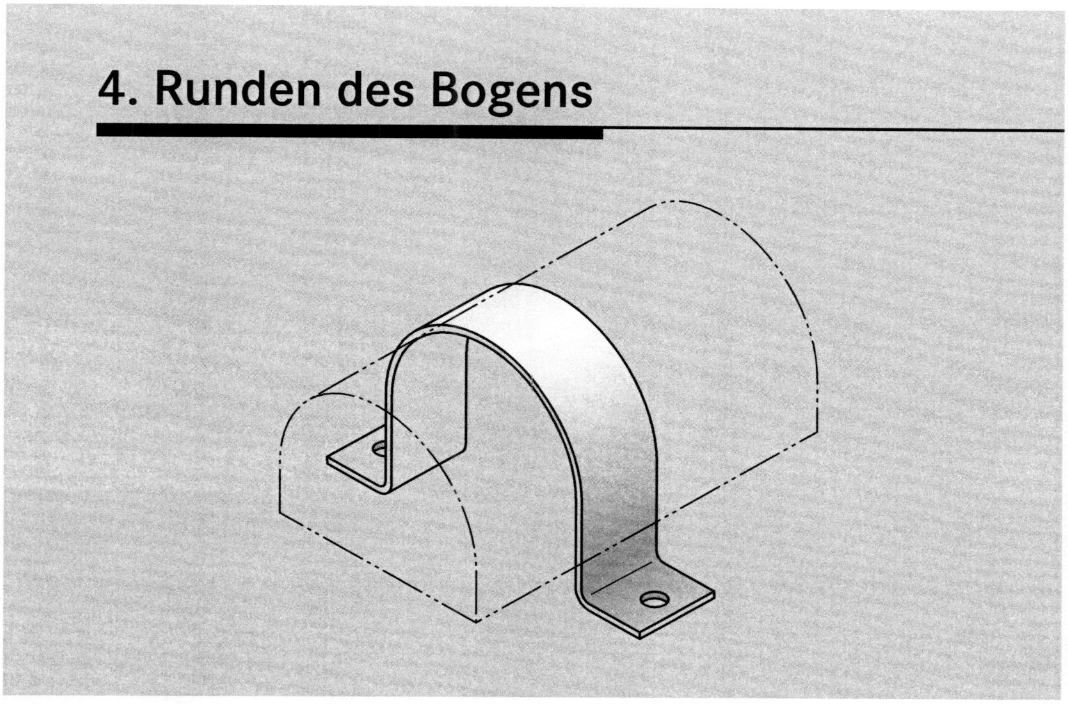

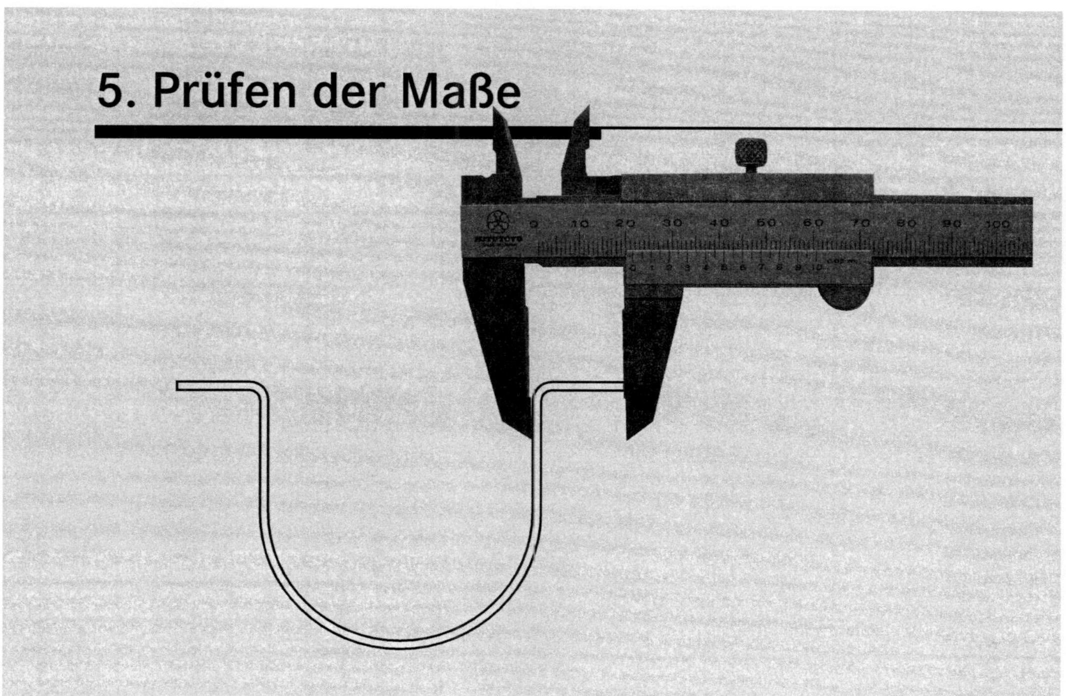

Name	Klasse	Datum

2 VERSTELLBARER ANSCHLAG

Verwendung

Der verstellbare Anschlag dient zum Positionieren von Werkstücken auf Werkzeugmaschinen. Dazu wird die Platte (Pos. 1) des Anschlages auf dem Maschinentisch verschraubt.

Der Anschlag lässt sich in der Höhe zwischen 30 bis 190 mm einstellen. Die Anschlagstange (Pos. 4) lässt sich in Längsrichtung um 140 mm verschieben. Über die Sechskantmutter (Pos. 6) und den Stellbolzen (Pos. 5) kann eine Feineinstellung vorgenommen werden.

Gesamtauftrag

Um das Ausrichten und Positionieren von Werkstücken auf einer Fräsmaschine in einer Kleinserienfertigung zu vereinfachen und zu beschleunigen sollen verstellbare Anschläge eingesetzt werden. Insgesamt sollen fünf Anschläge hergestellt werden.

Von den anzufertigenden Anschlägen liegen die Gesamtzeichnung mit der Stückliste sowie ein Prototyp im Betrieb vor.

Arbeitsaufträge

2.1 Festlegen der benötigten Halbzeuge und Werkstoffe

2.2 Fertigen des Klemmhalters (Pos. 3)

2.3 Drehen der Anschlagstange (Pos. 4)

2.4 Fräsen der Platte (Pos. 1)

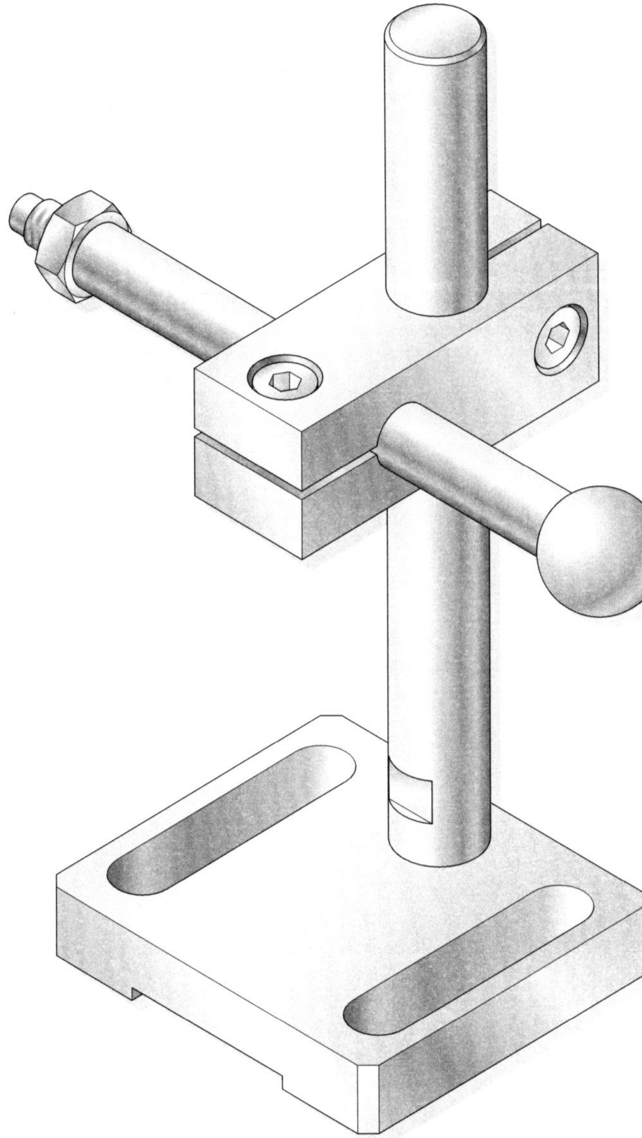

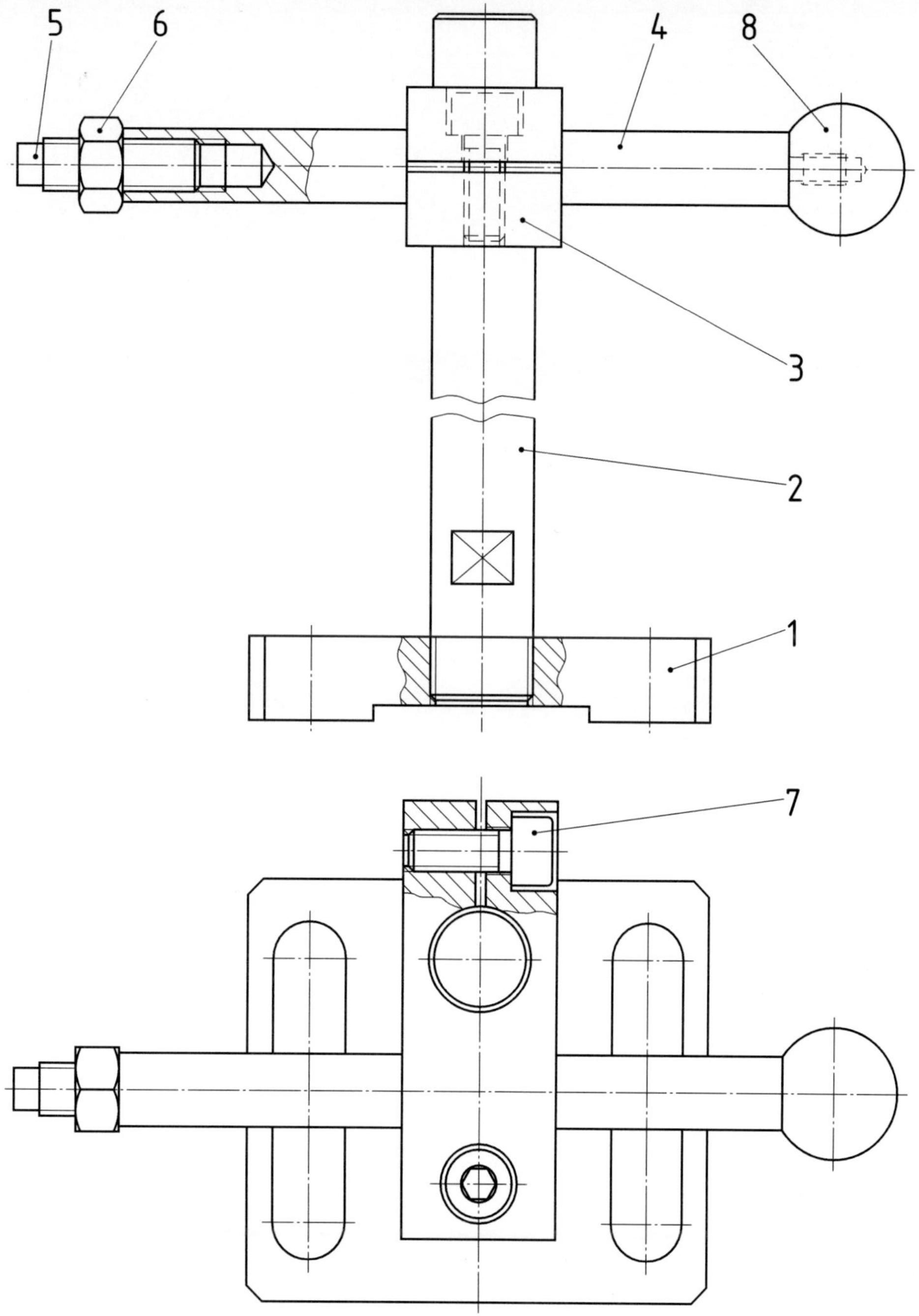

Pos.	Menge	Einh.	Benennung	Sachnummer/Norm-Kurzbezeichnung	Bemerkung
8	1	Stck.	Kugelknopf	DIN 319 – C 25 FS m	
7	2	Stck.	Zylinderschraube	ISO 4762 – M8 x 20 – 8.8	
6	1	Stck.	Sechskantmutter	ISO 4032 – M10 – 8	
5	1	Stck.	Stellbolzen		
4	1	Stck.	Anschlagstange		
3	1	Stck.	Klemmhalter		
2	1	Stck.	Säule		
1	1	Stck.	Platte		
1	2	3	4	5	6

DIN ISO 2768 – m	DIN ISO 1302	Maßstab 1:1	(Masse)
	Datum	Name	
Bearb.	20.12.04	Kaese	verstellbarer Anschlag
Gepr.			
Norm			
Abt.			
westermann			02-00
Ursprung			Blat / Bl.
Zust. / Änderung / Datum / Name			Ersatz für: / Ersetzt durch:

2.1 Festlegen der benötigten Halbzeuge und Werkstoffe

1. Vom verstellbaren Anschlag liegen für die anzufertigenden Einzelteile keine Teilzeichnungen vor. Deshalb wurden die Maße von dem in der Werkstatt vorhandenen Prototyp abgenommen. Es wurden folgende Maße gemessen:

   Platte: Breite: 80 mm, Dicke: 16 mm, Länge: 90 mm
   Klemmhalter: Breite: 30 mm, Höhe: 30 mm, Länge: 83 mm
   Säule: Durchmesser: 20 mm, Länge: 200 mm
   Anschlagstange: Durchmesser: 14 mm, Länge: 140 mm

   Wählen Sie eine geeignete Halbzeugart und legen Sie die Rohmaße fest, wenn die Teile aus gezogenem Material gefertigt werden sollen.

Benennung	Halbzeug	Rohmaße
Platte:	Flachstab	80 x 16 x 93
Klemmhalter:	Vierkantstab	30 x 30 x 86
Säule:	Rundstab	Ø 20 x 203
Anschlagstange:	Rundstab	Ø 14 x 143

2. Geben Sie auch die Toleranzklasse für die Halbzeuge an.

   Flach- und Vierkantstab → Toleranzklasse h11

   Rundstäbe → Toleranzklasse h9

3. Wählen Sie einen geeigneten Werkstoff für die prismatischen Werkstücke. Es können Stähle für allgemeine Verwendung ausgewählt werden. Begründen Sie die Wahl des Werkstoffes.

   Werkstoff: Stahlbaustahl S235JR + C oder S235JRG2 + C

   Begründung: Der Werkstoff ist gut bearbeitbar.

   Die Teile unterliegen nur einer geringen Beanspruchung.

4. Wählen Sie einen geeigneten Werkstoff für die zylindrischen Werkstücke. Es ist zu berücksichtigen, dass beim Drehen kurze Späne und saubere Schnittflächen entstehen. Begründen Sie die Wahl des Werkstoffes.

   Werkstoff: Automatenstahl 11SMn30 + C oder 11SMn37 + C

   Begründung: Durch den Schwefelgehalt der Automatenstähle ergeben sich beim Zerspanen kurzbrechende Späne und saubere Schnittflächen.

   Die Teile unterliegen nur einer geringen Beanspruchung. Es ist keine Wärmebehandlung vorgesehen.

5. Geben Sie für die Fertigungsteile die Halbzeug- und die Werkstoffbezeichnung normgerecht an. Die Benennung des Halbzeuges soll abgekürzt erfolgen.

   Platte: Fl DIN EN 10278 – 80 x 16 h11 x 93 – S235JRG2 + C

   Klemmhalter: 4kt DIN EN 10278 – 30 h11 x 86 – S235JRG2 + C

   Säule: Rd DIN EN 10278 – 20 h9 x 203 – 11SMn30 + C

   Anschlagstange: Rd DIN EN 10278 – 14 h9 x 143 – 11SMn30 + C

Name	Klasse	Datum

Fertigen des Klemmhalters

1. Vom Klemmhalter liegt eine Maßaufnahme vor. Nach dieser Maßaufnahme ist eine normgerechte Handskizze anzufertigen (Aufgabe 2).

Maßaufnahme:

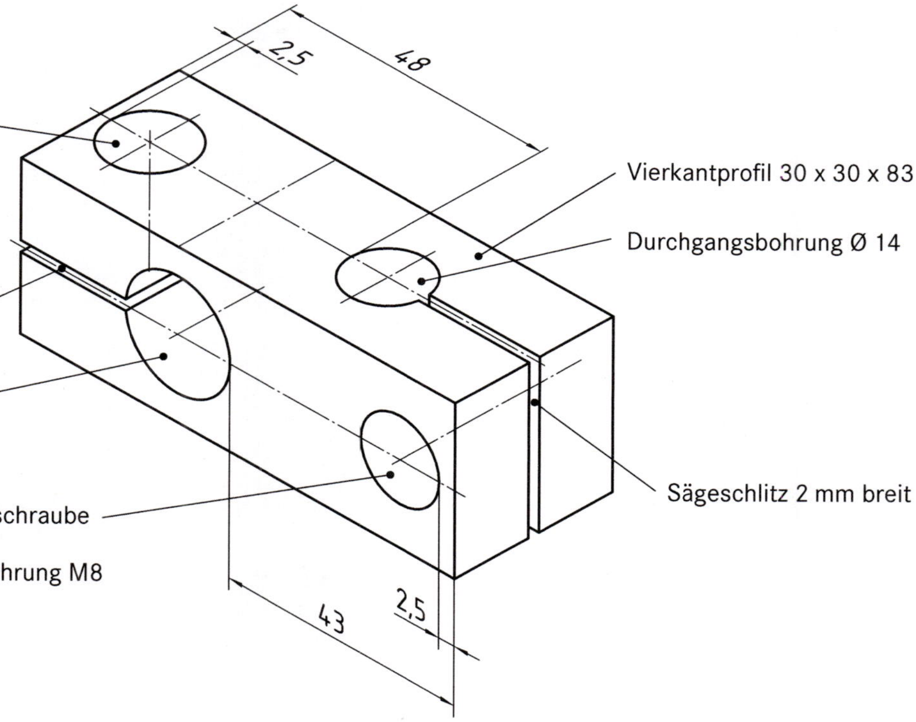

a) Bestimmen Sie die Maße und Oberflächenqualität zur Herstellung der Senkung für die Zylinderschraube ISO 4762 - M8 x 20.

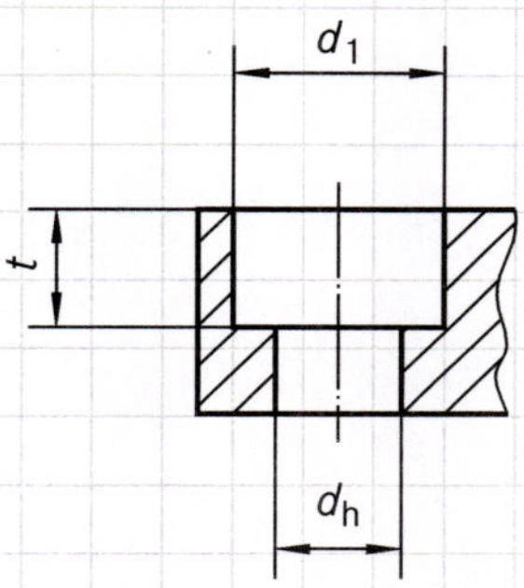

d_1 = 15 mm

d_h = 9 mm

$t = k_{max}$ + Zugabe = 8,6 mm

Kopfhöhe k_{max} = 8 mm
Zugabe = 0,6 mm

Oberflächenbeschaffenheit R_Z = 25 μm

b) Beschreiben Sie die Funktion der beiden Durchgangsbohrungen Ø 20 und Ø 14. Welche Anforderungen ergeben sich daraus für die Formgenauigkeit und Oberflächenbeschaffenheit? Bestimmen Sie ein geeignetes Fertigungsverfahren zur Herstellung der Bohrungen.

Über die Durchgangsbohrung Ø 20 wird der Klemmhalter auf der Säule geführt.
In der Durchgangsbohrung Ø 14 wird die Anschlagstange geführt.

Die Bohrungswandung sollte zylindrisch sein und eine geringe Rauheit haben, um eine gute Führung zu gewährleisten.

Die Bohrung ist zu reiben. Die erreichbare Oberflächenbeschaffenheit beträgt R_z = 4 - 10 μm.

Der Toleranzgrad beträgt IT7.

Name	Klasse	Datum

2.2 Fertigen des Klemmhalters

c) Um das Anreißen zu erleichtern, sollen die Bohrungsabstände bis zur Bohrungsmitte angegeben werden. Maßbezugfläche soll die rechte Stirnfläche sein.

Berechnen Sie die Lagemaße der Bohrungen l_1 bis l_4. Legen Sie auch die Maßtoleranzen fest. Reicht es aus, wenn die Lagemaße der Bohrungen mit Allgemeintoleranzen ISO 2768 - mittel gefertigt werden?

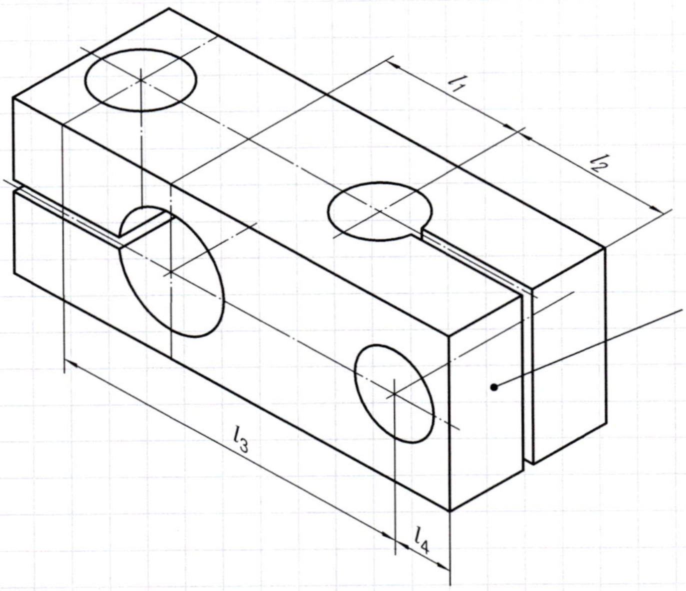

$l_1 = 48\text{ mm} + 43\text{ mm} - 83\text{ mm} + \frac{20\text{ mm}}{2} = \frac{14\text{ mm}}{2} = 25\text{ mm}$

$l_2 = 83\text{ mm} - 48\text{ mm} - \frac{14\text{ mm}}{2} = 28\text{ mm}$

$l_3 = 83\text{ mm} - 2 \cdot 2{,}5\text{ mm} - 2 \cdot \frac{15\text{ mm}}{2} = 63\text{ mm}$

$l_4 = 2{,}5\text{ mm} + \frac{15\text{ mm}}{2} = 10\text{ mm}$

Es reicht aus, wenn die Lagemaße der Bohrungen mit einer Maßgenauigkeit im Bereich der Allgemeintoleranzen gefertigt werden. Solche Maßabweichungen haben keinen Einfluss auf die Funktion des Anschlags.

d) Innengewindebohrungen werden mit zwei parallelen Linien gezeichnet. Geben Sie die Bezeichnung, das Durchmessermaß und die jeweilige Linienart für die Darstellung des Innengewindes M8 an.

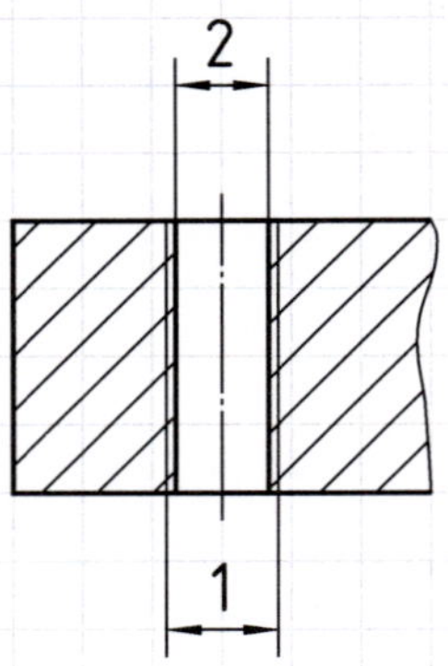

Maß 1:
Bezeichnung: Nenndurchmesser

Durchmesser: 8 mm

Linienart: schmale Volllinie

Maß 2:
Bezeichnung: Kerndurchmesser

Durchmesser: 6,647 mm

Linienart: breite Volllinie

Name	Klasse	Datum

2. Erstellen Sie für die Fertigung des Klemmhalters eine normgerechte Handskizze mit allen für die Fertigung notwendigen Angaben.

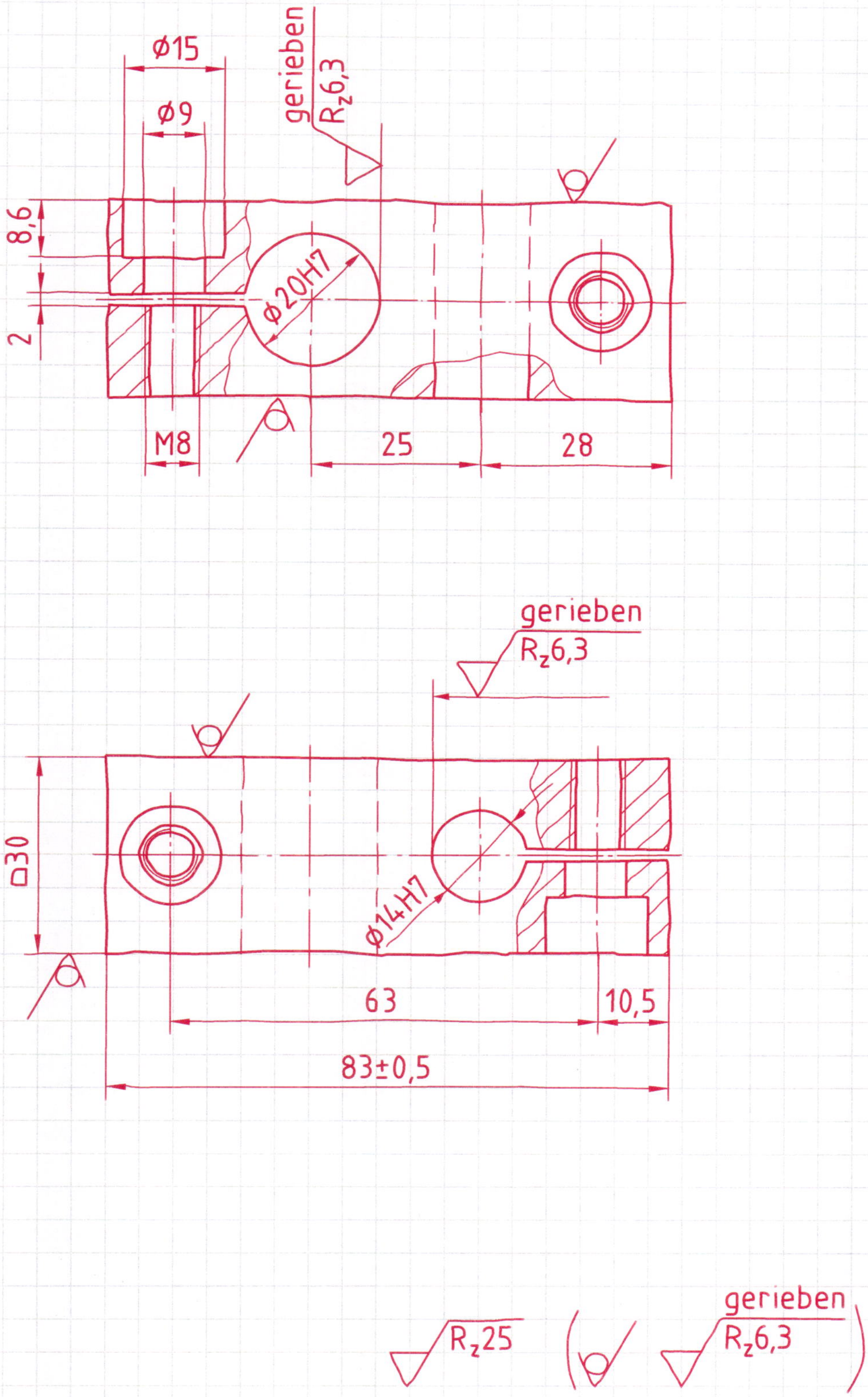

Name	Klasse	Datum

2.2 Fertigen des Klemmhalters

3. An dem Klemmhalter sind folgende Bearbeitungsformen herzustellen. Geben Sie die Fertigungsverfahren zur Herstellung der Formen an.

Bearbeitungsform	Fertigungsverfahren
Stirnseiten	Fräsen oder Feilen
Senkung für Zylinderschrauben	Bohren und Senken
Gewindebohrungen	Bohren, Senken und Gewindebohren
Sägeschlitze	Fräsen
Durchgangsbohrungen	Bohren, Reiben und Senken (Entgraten)

4. An dem Klemmhalter sind Sägeschlitze bis zu den beiden Durchgangsbohrungen anzufertigen. Geben Sie an, ob die Schlitze vor oder nach dem Herstellen der Durchgangsbohrungen herzustellen sind. Begründen Sie Ihre Überlegungen.

- Die Schlitze sollten nach dem Bohren gefräst werden.
- Die Zerspanungsbedingungen sind günstiger. Es liegt kein unterbrochener Schnitt vor, bei dem die Bohrerschneidenecke stark belastet würde.

5. Planen Sie das Spannen des Klemmhalters zum Bohren.
   a) Wählen Sie die notwendigen Spannmittel aus.
   b) Beschreiben Sie den Spannvorgang.

a) Spannmittel:
Maschinenschraubstock,
Parallelstücke,
Spanneisen.

b) Spannvorgang:
- Späne vom Maschinentisch und vom Schraubstock entfernen,
- Klemmstück im Maschinenschraubstock spannen, dabei Parallelstücke unterlegen,
- Bohrtisch in der Höhe ausrichten (Tischhöhenverstellung),
- Werkstück seitlich zum Bohrer ausrichten,
- Maschinenschraubstock mit Spanneisen auf dem Bohrtisch festspannen.

6. Die Werkzeuge zum Herstellen der Durchgangsbohrung Ø 20 haben einen Kegelschaft MK2. Die Bohrspindel der Bohrmaschinen zur Aufnahme der Werkzeuge hat einen Innenkegel MK4.
Beschreiben Sie, wie Sie beim Spannen dieser Werkzeuge vorgehen und worauf Sie dabei achten müssen.

- Auf den Werkzeugkegel der Werkzeuge wird eine Reduzierhülse MK4 – MK2 aufgesteckt.
- Anschließend wird das Werkzeug in die Bohrspindel eingesetzt.
- Verschmutzte Werkzeugkegel müssen gesäubert werden.
- Beschädigte Werkzeugkegel dürfen nicht verwendet werden.

Name	Klasse	Datum

7. Geben Sie die Werkzeuge zum Herstellen der Senkungen und der Gewindebohrungen für die Zylinderschrauben ISO 4762 – M8 mit den kennzeichnenden Maßen an.

- Spiralbohrer Ø 6,8 (Kernlochbohrerdurchmesser)
- Spiralbohrer Ø 9
- Flachsenker Ø 9 – 15 (Senkung für Zylinderschrauben ISO 4762 – M8)
- Kegelsenker 90°
- Maschinengewindebohrer M8 oder Handgewindebohrersatz M8

8. Geben Sie die Größe der Senkung für das Gewinde M8 an und erläutern Sie, weshalb Gewindebohrungen vor dem Gewindebohren angesenkt werden sollen.

- Der Senkdurchmesser soll so groß wie der Nenndurchmesser sein, bei M8 gleich 8 mm.
- Der Gewindebohrer schneidet besser an und der äußere Gewindegang wird nicht herausgedrückt.
- Der herausgedrückte Gewindegang stellt eine Verletzungsgefahr dar.

9. Bestimmen Sie einen geeigneten Schmierstoff für das Gewindebohren.

- nichtwassermischbarer Kühlschmierstoff S3
- Kühlschmierstoff mit Fettstoffzusätzen und EP-Zusätzen (→ Tab.)

10. Ermitteln Sie die Umdrehungsfrequenzen für das Bohren und Senken der Senkungen. Die Umdrehungsfrequenzen lassen sich an der Bohrmaschine stufenlos einstellen.

Bohrung:

Geg.: Werkstück S 235 JR → R_m = 340 – 470 N/mm² Ges.: n in 1/min

Spiralbohrer HS d = 9 mm

Richtwert v_c = 30...40 m/min

Rechnung:

$$n = \frac{v_c}{d \cdot \pi}$$

$$n = \frac{40\ \text{mm}}{\text{min} \cdot 9\ \text{mm} \cdot \pi} \frac{1000\ \text{mm}}{1\ \text{m}} = 1415\ \frac{1}{\text{min}}$$

eingestellt: $1400\ \frac{1}{\text{min}}$

Senkung:

Geg.: Werkstück S 235 JR → R_m = 340 – 470 N/mm² Ges.: n in 1/min

Flachsenker HS d = 15 mm

v_c = 20 m/min (1/2 Richtwerte beim Bohren)

Rechnung:

$$n = \frac{v_c}{d \cdot \pi}$$

$$n = \frac{20\ \text{mm}}{\text{min} \cdot 15\ \text{mm} \cdot \pi} \frac{1000\ \text{mm}}{1\ \text{m}} = 425\ \frac{1}{\text{min}}$$

eingestellt: $400\ \frac{1}{\text{min}}$

Name Klasse Datum

2.2 Fertigen des Klemmhalters

11. Geben Sie die Werkzeuge zum Herstellen der zu reibenden Durchgangsbohrung Ø 20 mit den kennzeichnenden Maßen an.

- Spiralbohrer Ø 9 (Vorbohren)
- Spiralbohrer Ø 19,75 oder Aufbohrer (Spiralsenker) Ø 19,75
- Maschinenreibahle Ø 20H7 oder Handreibahle Ø 20H7
- Entgratungswerkzeug oder Kegelsenker 90°

12. Beschreiben Sie die Folgen, wenn bei der zu reibenden Durchgangsbohrung Ø 20 nicht vorgebohrt wird.

Die große Querschneide drückt und quetscht den Werkstoff. Der Bohrer verläuft.
Die Bohrung wird nicht maß-, form- und lagegenau.

13. Der Spiralbohrer zum Aufbohren der zu reibenden Durchgangsbohrung Ø 20 muss einwandfrei angeschliffen sein.
a) Geben Sie die Folgen eines fehlerhaften Anschliffes an.
b) Beschreiben Sie, wie Sie den Anschliff des Bohrers überprüfen können.

a) Die Bohrung wird zu groß. Man hätte keine Reibzugabe mehr.
Die Bohrung ist nicht maß- und formgenau und hätte eine geringe Oberflächengüte.
Das Klemmstück würde schlecht auf der Säule geführt.

b) Den Spitzenwinkel und die Länge der Hauptschneiden mit einer Schleiflehre prüfen. Der Spitzenwinkel muss symmetrisch zur Bohrerachse liegen und beide Hauptschneiden müssen gleich lang sein.
In ein Abfallteil eine Probebohrung bohren und deren Maßhaltigkeit mit einem Messschieber kontrollieren.

14. Zum Aufbohren der zu reibenden Durchgangsbohrung kann ein Spiralbohrer oder ein Aufbohrer verwendet werden. Geben Sie an, welches Werkzeug besser geeignet ist.

Der Aufbohrer ist besser geeignet. Er hat mehr Schneiden und wird dadurch besser geführt.
Lage und Form der aufgebohrten Bohrung wird genauer.

15. Beschreiben Sie das Reiben der Durchgangsbohrung Ø 20H7 mit einer Handreibahle.

- Reibahle gerade in die Bohrung einsetzen (mit Winkel überprüfen) und langsam in Schnittrichtung drehen, dabei leicht in Vorschubrichtung drücken.
- Reibahle nach dem Fertigreiben der Bohrung in Vorschubrichtung weiterdrehen und aus der Bohrung heben (nie entgegengesetzt der Schnittrichtung drehen).
- Reiben mit Schneidöl S2 oder S3.

16. Sie sollen den Durchmesser Ø 20H7 der Maschinenreibahle überprüfen. Geben Sie ein geeignetes Prüfgerät an und beschreiben Sie den Prüfvorgang.

Prüfgerät: digitale Bügelmessschraube (Messgenauigkeit 0,001 mm)

Prüfvorgang: Den Abstand zweier gegenüberliegender Schneiden messen. Das Maß muss zwischen 20,000 mm und 20,021 mm liegen.

Name	Klasse	Datum

17. Ermitteln Sie die Umdrehungsfrequenzen für die Maschinenreibahle Ø 20H7 zum Reiben der Durchgangsbohrung. Die Umdrehungsfrequenzen lassen sich an der Bohrmaschine stufenlos einstellen.

Geg.: Werkstück S 235 JR → R_m = 340 - 470 N/mm²
Maschinenreibahle d = 20 mm
Richtwert v_c = 8...10 m/min

Ges.: n in 1/min

Rechnung:

$$n = \frac{v_c}{d \cdot \pi}$$

$$n = \frac{10\ \text{mm}}{\text{min} \cdot 20\ \text{mm} \cdot \pi} \frac{1000\ \text{mm}}{1\ \text{m}} = 159\ \frac{1}{\text{min}}$$

eingestellt: 150 $\frac{1}{\text{min}}$

18. Erstellen Sie einen Arbeitsplan zum Fertigen aller Bohrungen.

Lfd. Nr.	Arbeitsvorgang	Arbeitsmittel	Arbeitswerte
1.	Gewindebohrungen, Senkungen und Durch-	Anreißfarbe, Parallelreißer,	
	gangsbohrungen anreißen	Hammer, Körner	
2.	Kernlochbohrung für Gewinde M8 bohren	Spiralbohrer Ø 6,8 mm, HS	n = 1400 m/min
3.	Durchgangsbohrung für Senkung 15 mm tief	Spiralbohrer Ø 9 mm, HS	n = 1400 m/min
	aufbohren		
4.	Senkung 9 mm tief einsenken	Flachsenker Ø 9 - 15 mm, HS	n = 400 1/min
5.	Kernlochbohrung ansenken und Senkung	Kegelsenker 90°, HS	n = 400 1/min
	entgraten		
6.	Gewinde M8 bohren	Maschinengewindebohrer M8, HS	n = 600 1/min
7.	Arbeitsvorgänge für 2. Bohrung wiederholen		
8.	Durchgangsbohrung Ø 14H7 vorbohren	Spiralbohrer Ø 9 mm, HS	n = 1400 1/min
	und aufbohren	Spiralbohrer Ø 13,75 mm, HS	n = 900 1/min
9.	Durchgangsbohrung Ø 14H7 entgraten	Maschinenreibahle Ø 14H7, HS	n = 150 1/min
10.	Durchgangsbohrung Ø 14H7 entgraten	Entgratungssenker	n = 400 1/min
11.	Durchgangsbohrung Ø 20H7 vorbohren	Spiralbohrer Ø 9 mm, HS	n = 1400 1/min
	und aufbohren	Spiralbohrer Ø 19,75 mm, HS	n = 600 1/min
12.	Durchgangsbohrung Ø 20H7 reiben	Maschinenreibahle Ø 20H7, HS	n = 150 1/min
13.	Durchgangsbohrung Ø 20H7 entgraten	Entgratungssenker	n = 400 1/min

Name Klasse Datum

2.3 Drehen der Anschlagstange

1. Von der Anschlagstange wurden die Maße abgenommen und in einer Maßaufnahme festgehalten.
   Nach dieser Maßaufnahme ist eine normgerechte Handskizze anzufertigen (Aufgabe 2).

Maßaufnahme Anschlagstange

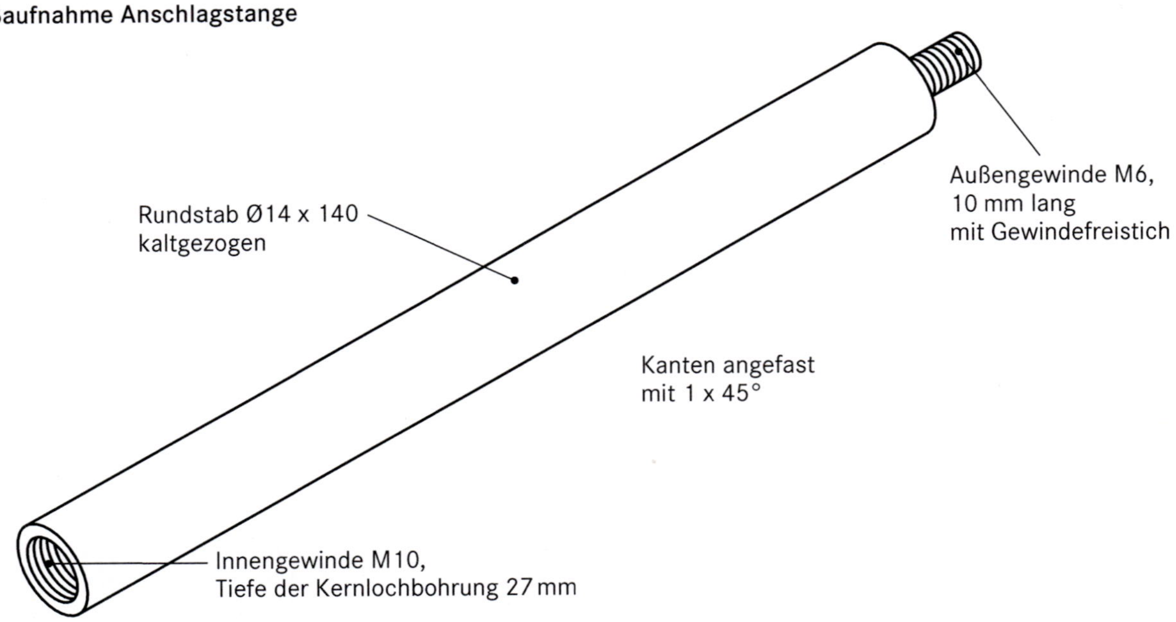

a) Für die Breite des Gewindefreistiches wurde das Maß 2,5 mm ermittelt. Geben Sie an, welche Art von Gewindefreistich an der Anschlagstange vorhanden ist und wie die normgerechte Kennzeichnung in einer Teilzeichnung vorzunehmen ist.

- kurzer Gewindefreistich Form B
- normgerechte Kennzeichnung mit DIN 76 – B

b) Tragen Sie in die Darstellung des Gewindefreistiches im Maßstab 5:1 die Maße ein.

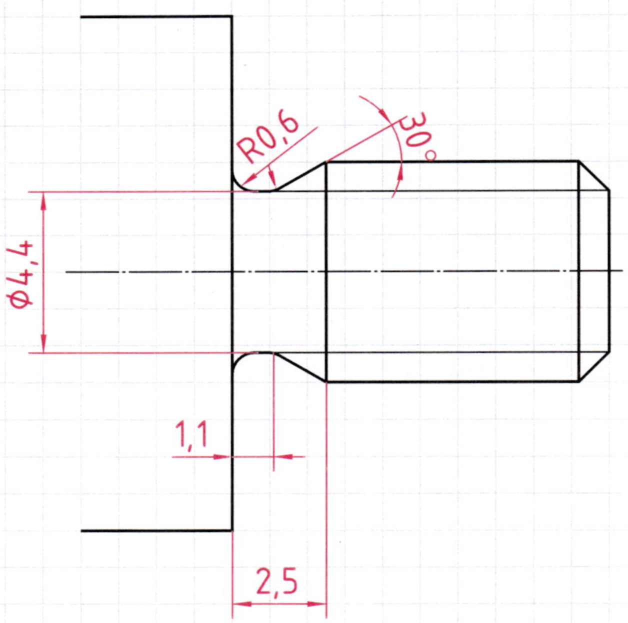

Name	Klasse	Datum

c) Die Kernlochtiefe der Gewindegrundlochbohrung M10 wurde mit 27 mm gemessen. Ermitteln Sie die Größe des Gewindeauslaufes und die nutzbare Gewindelänge des Innengewindes.

Gewindeauslauf e_1 = 7,3 mm (Regelfall)

nutzbare Gewindelänge b = 27 mm - 7,3 mm ≈ 20 mm

d) Um das Gewindegrundloch normgerecht darstellen und bemaßen zu können, muss es im Schnitt dargestellt werden. Geben Sie für die Stellen 1 bis 3 am dargestellten Gewindegrundloch die Bezeichnung, das Durchmessermaß und die Linienart an.

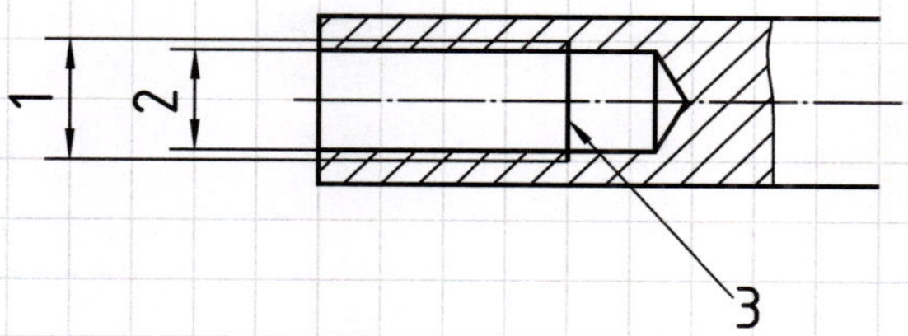

Stelle 1:

Bezeichnung: Nenndurchmesser

Durchmesser: 10 mm

Linienart: breite Volllinie

Stelle 2:

Bezeichnung: Kerndurchmesser

Durchmesser: 8,376 mm

Linienart: schmale Volllinie

Stelle 3:

Bezeichnung: Gewindebegrenzungslinie

Linienart: breite Volllinie

Name	Klasse	Datum

2.3 Drehen der Anschlagstange

2. Erstellen Sie für die Fertigung der Anschlagstange eine normgerechte Handskizze im Maßstab 2 : 1 mit allen notwendigen Angaben. Die Anschlagstange ist aus Platzgründen verkürzt mit Bruchkanten darzustellen.

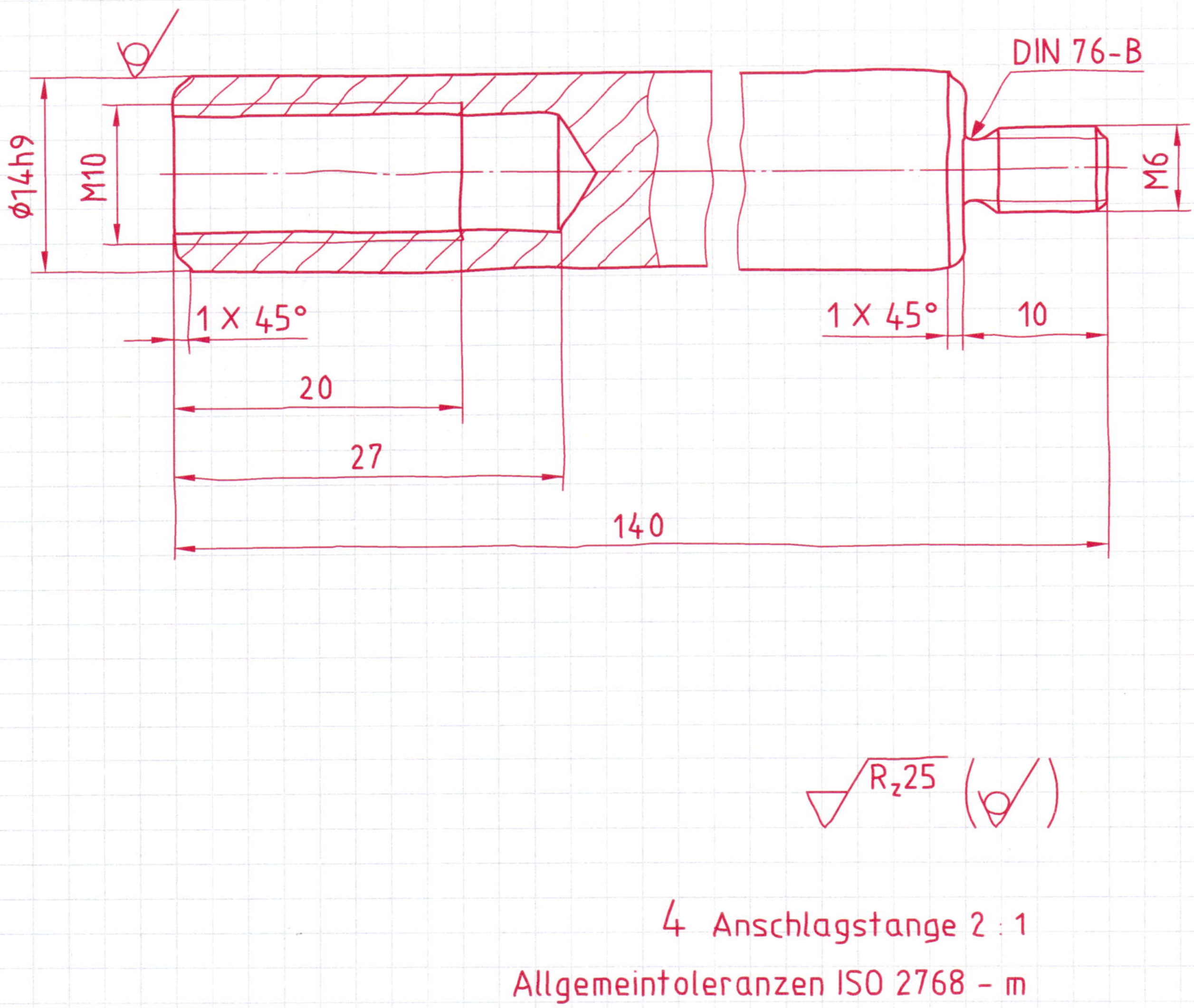

Name Klasse Datum

3. Nennen Sie die Bearbeitungsformen der Anschlagstange und das jeweilige Fertigungsverfahren zur Herstellung der Form.

Bearbeitungsform	Fertigungsverfahren
Planflächen	Querplandrehen
Fasen 1 x 45°	Drehen
Kernlochbohrung	Bohren und Senken
Innengewinde	Gewindebohren
Zapfen	Längsrunddrehen
Gewindefreistich	Quereinstechdrehen
Gewindefase	Drehen
Außengewinde	Schraubdrehen oder Gewindeschneiden

4. Geben Sie drei Regeln an, die beim fachgerechten Spannen der Anschlagstange auf der Drehmaschine berücksichtigt werden müssen.

1. Werkstück kurz spannen, um die Schnittkräfte sicher ohne Verformung des Werkstückes aufzunehmen.
2. Werkstück wenig umspannen, denn jedes Umspannen führt zu Ungenauigkeiten im Rundlauf.
3. Werkstück möglichst nicht auf Funktionsflächen spannen, um Beschädigungen zu vermeiden.

5. Das Rohteil der Anschlagstange wird als gezogenes Material mit der Toleranzklasse h9 bereitgestellt.
   a) Können Sie die Anschlagstange beim Drehen im Dreibackenfutter spannen?
   b) Informieren Sie sich in Ihrem Betrieb nach Spannmöglichkeiten für die Anschlagstange.

a) Die Oberfläche ist eine Funktionsfläche und dient als Führung. Beim Spannen im Dreibackenfutter mit harten Backen würde die Oberfläche beschädigt (Spannbackenabdruck).

b) Spannen mit einer Spannzange oder Spannen im Dreibackenfutter mit weichen Backen.

6. Die Drehmeißel werden im Schnellwechselhalter gespannt. Beschreiben Sie,
   a) was Sie beim Spannen der Drehmeißel beachten müssen und
   b) wie Sie beim Ausrichten der Drehmeißel auf Drehmitte vorgehen müssen.

a) Die Drehmeißel müssen kurz und fest eingespannt werden, damit sie sich nicht unter den Schnittkräften verbiegen.

b) Über die Höhenverstellschraube wird das Werkzeug auf die Drehmitte eingestellt. Dazu wird eine Zentrierspitze in die Pinole des Reitstockes eingesetzt.

Name	Klasse	Datum

2.3 Drehen der Anschlagstange

7. Beschreiben Sie die Auswirkungen für das Plandrehen der Anschlagstange, wenn der Drehmeißel
   a) unter Drehmitte und
   b) über Drehmitte eingestellt ist.

a) Es bleibt in der Mitte der Planfläche ein Ansatz stehen.

b) Der Drehmeißel drückt in der Mitte der Planfläche den Ansatz weg. Es besteht Bruchgefahr für den Drehmeißel.

8. Wählen Sie die Drehwerkzeuge und Bohrwerkzeuge zum Fertigen der Planseite mit Innengewinde.

- abgesetzter Stirndrehmeißel rechts, ISO 5
- gebogener Drehmeißel rechts, ISO 2
- Zentrierbohrer DIN 333 – A2
- Spiralbohrer Ø 8,5 mm
- Kegelsenker 90°
- Maschinengewindebohrer M10

9. Wählen Sie die Drehwerkzeuge zum Fertigen der Seite mit dem Außengewinde M6.

- abgesetzter Stirndrehmeißel rechts, ISO 5
- gebogener Drehmeißel rechts, ISO 2
- abgesetzter Seitendrehmeißel rechts, ISO 6
- Formdrehmeißel für Gewindefreistich M6 Form B
- Schneideisen M6

10. An der Drehmaschine müssen die Arbeitsbewegungen zur Spanabnahme eingestellt werden. Geben Sie die Bezeichnung der Arbeitsbewegungen an, sowie die Bezeichnung der Arbeitswerte, mit denen Sie gemessen werden?

Arbeitsbewegungen	Arbeitswerte
Schnittbewegung	Schnittgeschwindigkeit
Vorschubbewegung	Vorschub
Zustellbewegung	Schnitttiefe

11. Der Gewindezapfen soll in einem Schruppschnitt vorgedreht und in einem Schlichtschnitt fertig gedreht werden. Planen Sie die Schnittaufteilung. Geben Sie die Aufteilung in der Skizze (Maßstab 2 : 1) an. Bemaßen Sie auch die Schnittaufteilung in der Skizze.

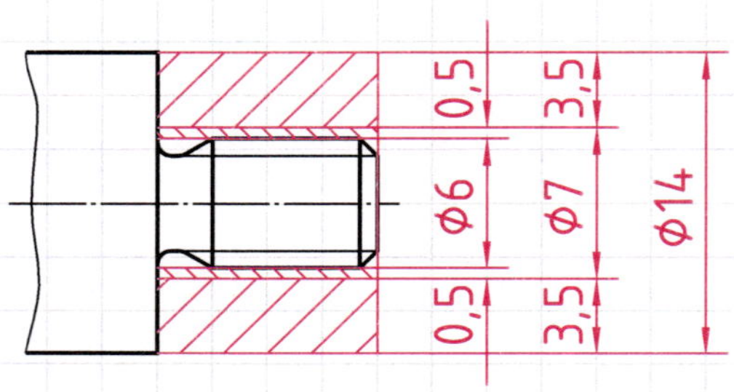

Vordrehen mit a_p = 3,5 mm auf Ø 7 mm

Fertigdrehen mit a_p = 0,5 mm auf Ø 6 mm

Name	Klasse	Datum

12. Bestimmen Sie die Richtwerte für das Vor- und Fertigdrehen mit einem Drehmeißel aus HS.

Geg.: Werkstoff 11SMn30 → Automatenstahl R_m = 380...570 N/mm²
Drehmeißel HS

Ges.: v_c, f, a_p beim Schruppen und Schlichten

Lösung:

Richtwerte	Vordrehen	Fertigdrehen
Vorschub	f = 0,3 mm	f = 0,1 mm
Schnitttiefe	a_p = 3,5 mm	a_p = 0,5 mm
Schnittgeschwindigkeit	v_c = 75...50 m/min	v_c = 90...60 m/min

13. Berechnen Sie die Umdrehungsfrequenz für das Vor- und Fertigdrehen des Gewindezapfens mit einem Drehmeißel aus HS. An der Drehmaschine sind Umdrehungsfrequenzen der Reihe R20/3 einstellbar.

Vordrehen

Geg.: Richtwert v_c = 50...75 m/min

Ges.: n in 1/min

Rechnung:

$$n = \frac{v_c}{d \cdot \pi}$$

$$n = \frac{50\ \text{mm}}{\text{min} \cdot 14\ \text{mm} \cdot \pi} \cdot \frac{1000\ \text{mm}}{1\ \text{m}} = 1137\ \frac{1}{\text{min}}$$

eingestellt: $1000\ \frac{1}{\text{min}}$

Fertigdrehen

Geg.: Richtwert v_c = 60...90 m/min

Ges.: n in 1/min

Rechnung:

$$n = \frac{v_c}{d \cdot \pi}$$

$$n = \frac{90\ \text{mm}}{\text{min} \cdot 7\ \text{mm} \cdot \pi} \cdot \frac{1000\ \text{mm}}{1\ \text{m}} = 4095\ \frac{1}{\text{min}}$$

eingestellt: $4000\ \frac{1}{\text{min}}$

14. Beschreiben Sie die Folgen, wenn mit einer höheren Schnittgeschwindigkeit gedreht wird als in den Richtwerten angegeben.

- erhöhte Erwärmung des Drehmeißels (Gefahr des Ausglühens),
- größerer Verschleiß des Schneidkeils (geringere Standzeit),
- häufigeres Anschleifen oder Auswechseln der Drehmeißel,
- kürzere Bearbeitungsdauer.

Name	Klasse	Datum

2.3 Drehen der Anschlagstange

15. Erstellen Sie einen Arbeitsplan für das Drehen der Anschlagstange.

Lfd. Nr.	Arbeitsvorgang	Arbeitsmittel	Arbeitswerte
1.	Spannen	Dreibackenfutter mit Weichbacken	
2.	Plandrehen der ersten Planfläche	rechter abgesetzter Stirndrehmeißel	n = 1400 m/min
3.	Drehen der Fase 1 x 45°	rechter gebogener Drehmeißel	n = 1400 m/min
4.	Zentrierbohren der Planfläche	Zentrierbohrer DIN 333 - A2,	n = 2000 1/min
		Bohrfutter	
5.	Bohren der Kernlochgrundbohrung, 27 tief	Spiralbohrer Ø 8,5 mm, HS	n = 1000 1/min
6.	Ansenken der Kernlochbohrung	Kegelsenker 90°, HS	n = 500 1/min
7.	Gewindebohren M10, 20 tief	Maschinengewindebohrer M10, HS	
8.	Umspannen	Dreibackenfutter mit Weichbacken	
9.	Plandrehen der zweiten Planfläche auf	rechter abgesetzter	n = 1400 1/min
	Maß 140	Stirndrehmeißel	
10.	Vor- und Fertigdrehen des Gewindezapfens	rechter abgesetzter	n = 1000 1/min
	M6, 10 lang	Seitendrehmeißel	n = 4000 1/min
11.	Formdrehen des Gewindefreistiches	Formdrehmeißel für Gewinde-	n = 1400 1/min
		freistich M6 Form B	
12.	Drehen der Gewindefase und der Fase 1 x 45°	rechter gebogener Drehmeißel	n = 1400 1/min
13.	Gewindeschneiden M6	Schneideisen M6	

16. Beim Plandrehen stellen Sie fest, dass die Oberfläche zur Drehmitte hin schlechter wird. Wie lässt sich das erklären?

- Beim Querplandrehen der Planfläche wurde mit konstanter Umdrehungsfrequenz gedreht, dadurch wurde die Schnittgeschwindigkeit zur Mitte hin immer kleiner.
- Bei kleinen Schnittgeschwindigkeiten ergeben sich rauere Oberflächen.

17. Geben Sie drei Sicherheitsregeln an, die Sie beim Drehen beachten müssen.

- Eng anliegende Kleidung tragen.
- Den Spannschlüssel vom Drehmaschinenfutter abziehen.
- Störende Späne nur mit einem Spanhaken entfernen.
- Nicht bei laufender Arbeitsspindel messen.

Name	Klasse	Datum

18. Nach der Fertigung der Anschlagstange sollen nachfolgende Maße kontrolliert werden. Ergänzen Sie den Prüfplan entsprechend.

Messstelle	Prüfbedingungen Nennmaß	Maßtoleranz	Höchstmaß	Mindestmaß	Prüfgerät
Gewindezapfenlänge	10 mm	± 0,2 mm	10,2 mm	9,8 mm	Messschieber mit Tiefenmaß
Stangenlänge	140 mm	± 0,3 mm	140,3 mm	139,7 mm	Messschieber
Stangendurchmesser	14 mm	+ 0 - 0,043 mm	14,0 mm	13,957 mm	digitale Bügelmessschraube, Messbereich 0 - 25 mm
Innengewinde M10	10 mm	X	X	X	Gewindelehrdorn M10
Außengewinde M6	6 mm	X	X	X	Gewindelehrring M6

19. Begründen Sie die Auswahl des Prüfgerätes für die Kontrolle des Stangendurchmessers.

Maßtoleranz auf 0,001 mm → Messgerät mit der Ablesegenauigkeit von 1/1000 mm

Durchmessermaß → Bügelmessschraube

Nennmaß 14 mm → Messbereich 0 - 25 mm

Es eignet sich eine digitale Bügelmessschraube mit einem Messbereich von 0 - 25 mm.

20. Geben Sie drei zufällige Abweichungen an, die beim Messen des Stangendurchmessers mit einer digitalen Bügelmessschraube auftreten können. Beschreiben Sie deren Auswirkungen auf das Messergebnis.

zufällige Abweichungen	Auswirkungen
Kühlschmierstoff oder Schmutz am Werkstück,	Istmaß wird zu groß ermittelt.
zu großer Messdruck, Messkraft nicht mit Ratsche begrenzt,	Istmaß wird zu klein gemessen.
Werkstücktemperatur liegt über der Bezugstemperatur von 20°,	Istmaß wird zu groß gemessen.
Temperatur der Messschraube liegt über der Bezugstemperatur	Istmaß wird zu klein gemessen.

21. Der Stangendurchmesser lässt sich auch mit einer Grenzrachenlehre überprüfen. Welche Beschriftung muss auf der dafür eingesetzten Grenzrachenlehre angegeben sein?

Nennmaß mit Toleranzklasse: 14h9
oberes Abmaß: 0
unteres Abmaß: - 0,043

22. Bei welchem Prüfergebnis liegt die Anschlagstange innerhalb der Toleranz? Kreuzen Sie an.

Prüfergebnis	i.O	Nacharbeit	Ausschuss
Gutseite und Ausschussseite gleiten nicht über die Stange		X	
Gutseite gleitet zwanglos über die Stange, die Ausschussseite nicht	X		
Gutseite und Ausschussseite gleiten zwanglos über die Stange			X

Name	Klasse	Datum

2.4 Fräsen der Platte

1. Von der Platte liegt folgende Maßaufnahme vor. Nach dieser Maßaufnahme ist eine normgerechte Handskizze anzufertigen (Aufgabe 2).

Maßaufnahme:

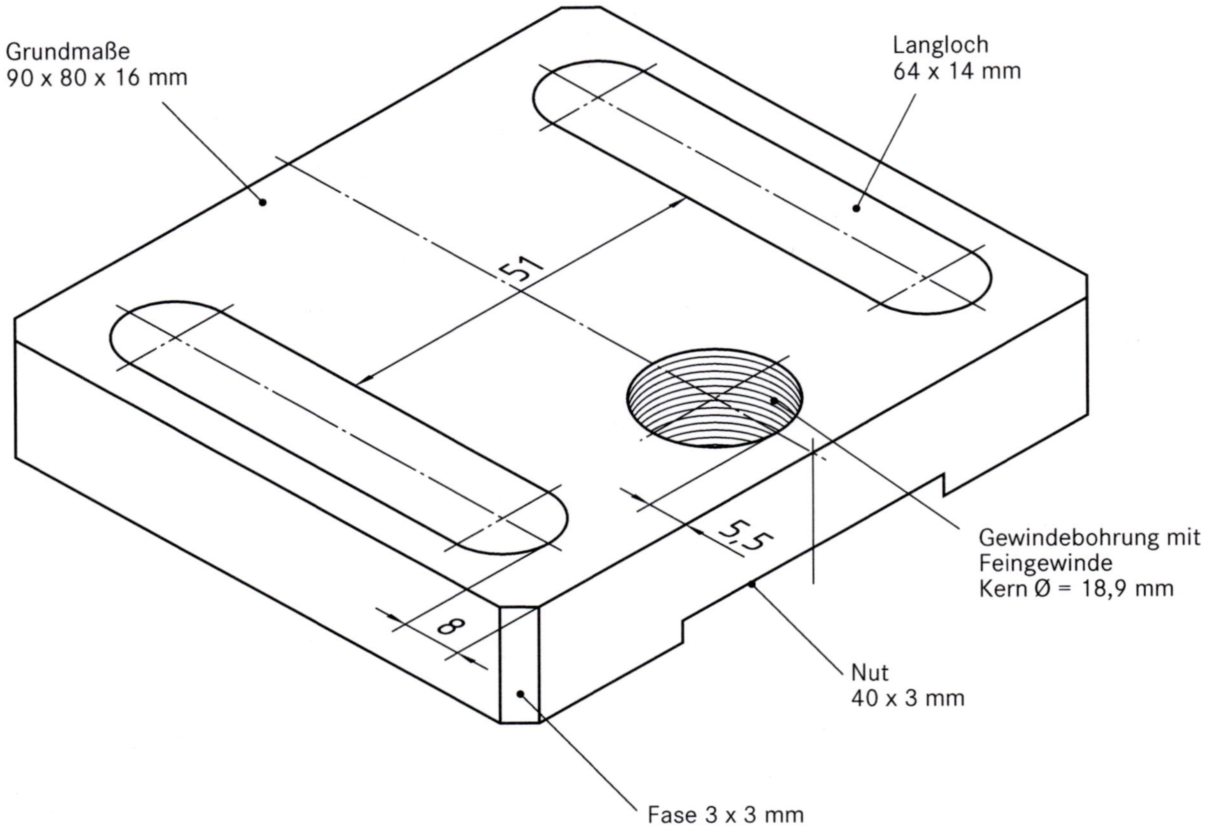

a) Bestimmen Sie mit Hilfe des Tabellenbuches die Gewindeabmessungen und die Gewindebezeichnung für die Gewindebohrung.

Nenndurchmesser:	d = 20 mm
Steigung:	P = 1 mm
Kerndurchmesser:	D_1 = 18,92 mm
Kernlochbohrerdurchmesser:	$d - P$ = 19 mm
Gewindebezeichnung:	M20 x 1

Name Klasse Datum

b) Tragen Sie die Form- und die Lagemaße für das Langloch in die Zeichnung ein. Das Längenmaß und die Lagemaße sollen von der Mitte der Nutrundungen aus angegeben werden.

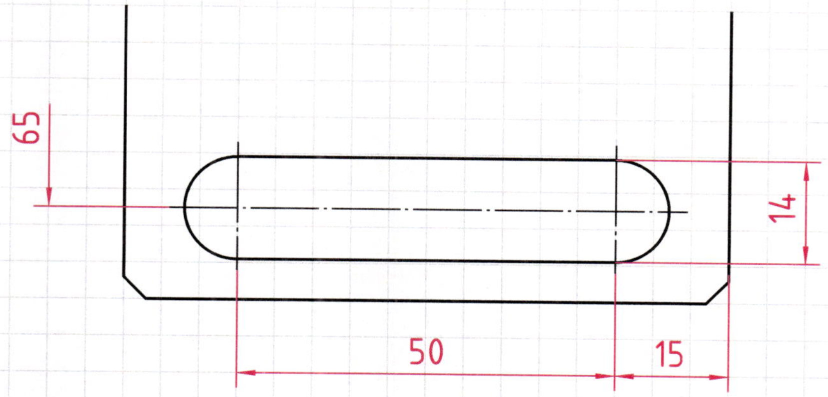

c) Legen Sie die Fertigungstoleranzen für die Platte fest. Erläutern Sie, ob die Allgemeintoleranzen mittel ausreichen.

Damit der verstellbare Anschlag seine Funktion erfüllt, reicht es aus, wenn die Platte mit Allgemeintoleranzen mittel gefertigt wird.

d) Legen Sie die Oberflächenbeschaffenheit für die Bearbeitungsformen der Platte fest. Geben Sie auch an, welche Flächen der Grundform unbearbeitet bleiben.

Bearbeitungsformen: R_z = 25 µm (laut Tabellenbuch erreichbare Rauheit beim Fräsen üblicherweise R_z = 10 ... 63 µm)

Unbearbeitete Flächen: Grund-, Deck- und Seitenflächen (Maß 90 mm) der Platte

Name Klasse Datum

2.4 Fräsen der Platte

2. Erstellen Sie von der Platte eine normgerechte Handskizze im Maßstab 1 : 1 mit allen für die Fertigung notwendigen Angaben.

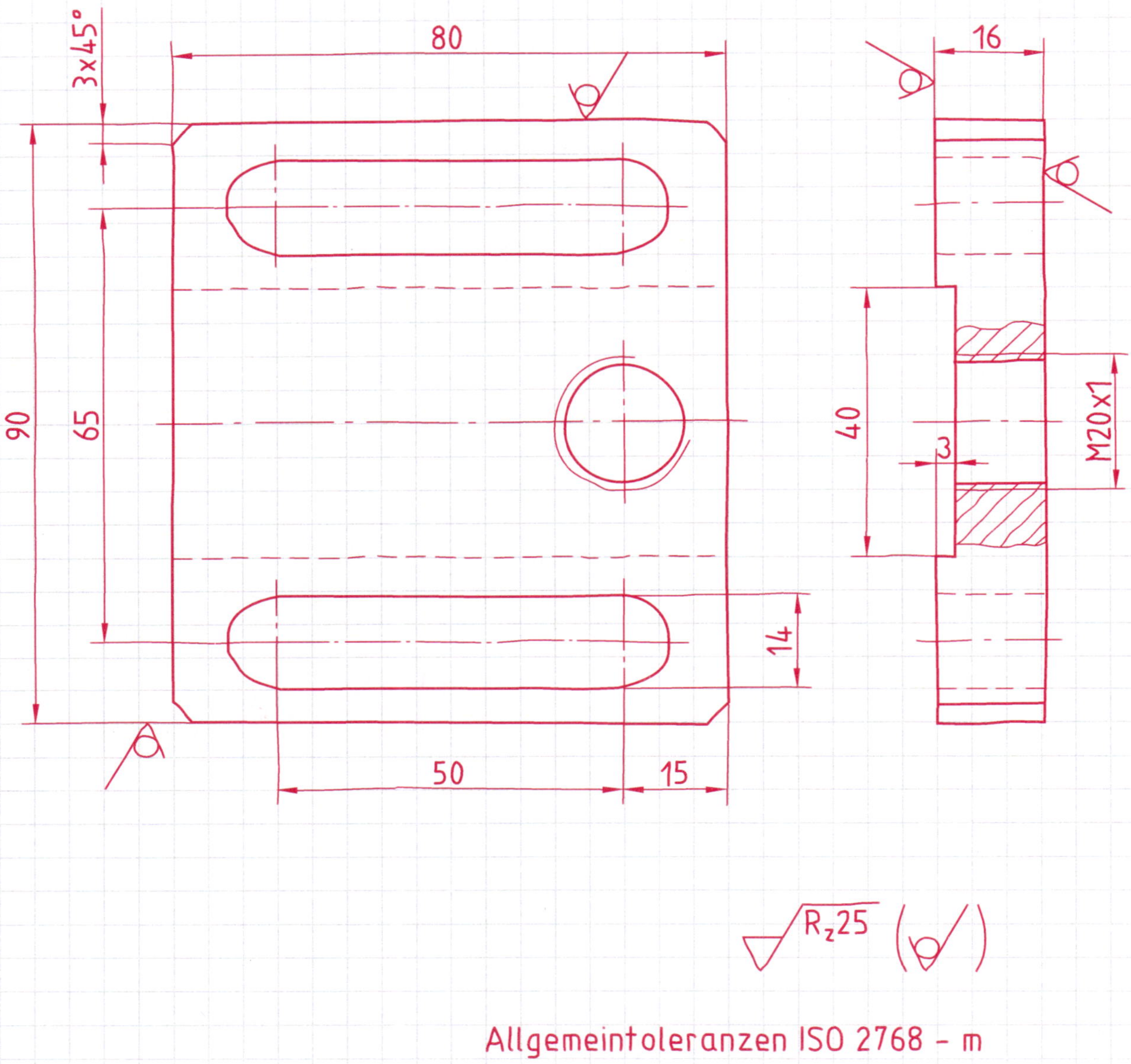

Name | Klasse | Datum

3. Nennen Sie die anzufertigenden Bearbeitungsformen der Platte und das jeweilige Fertigungsverfahren, um die Form herzustellen.

Bearbeitungsform	Fertigungsverfahren
Stirnflächen	Umfangsfräsen
Fasen 3 x 45°	Feilen
Nut 40 x 3	Stirnumfangsfräsen
Langlöcher	Umfangsfräsen
Gewindebohrung M20 x 1	Bohren, Senken, Gewindebohren

4. a) Geben Sie die Spannmittel zum Spannen der Platte für das Fräsen an.
   b) Beschreiben Sie den Spannvorgang.

a) Maschinenschraubstock mit Parallelstücken

b) - Maschinenschraubstock mit Messuhr auf dem Maschinentisch ausrichten,
   - Spannschrauben zum Befestigen des Maschinenschraubstockes fest anziehen,
   - Werkstück leicht einspannen und mit Schonhammer gegen Parallelstücke schlagen,
   - Werkstück fest spannen.

5. Beschreiben Sie mögliche Fertigungsfehler an der Platte, wenn der Maschinenschraubstock vor dem Fräsen nicht ausgerichtet wurde.

- Die beiden Stirnflächen liegen nicht rechtwinklig zu den Seitenflächen der Platte.
- Die Nut und die beiden Langlöcher liegen nicht parallel zu den Seitenflächen.

6. Das Fräsen der Platte erfolgt auf einer Universalfräsmaschine mit dem Vertikalfräskopf. Dabei werden die Stirnflächen mit einem Schaftfräser aus Schnellarbeitsstahl gefräst. Beschreiben Sie, wie Sie den Schaftfräser spannen.

Der Schaftfräser wird in ein Spannzangenfutter gespannt.

Anschließend wird das Spannzangenfutter in die Arbeitsspindel der Fräsmaschine eingesetzt und mit der Zugstange fest in die Spindel eingezogen.

7. Das Fräsen des Langloches kann mit einem Langlochfräser oder mit einem Schaftfräser erfolgen. Geben Sie die kennzeichnenden Unterschiede zwischen den beiden Fräserarten an.

- Langlochfräser haben weniger Schneiden (2 oder 3). Eine der Nebenschneiden an der Stirnseite reicht über die Fräsermitte. Dadurch kann in axialer Richtung in den Werkstoff eingetaucht werden.
- Schaftfräser haben mehr Schneiden. Die Nebenschneiden an der Stirnseite gehen nicht bis zur Fräsermitte.

Name	Klasse	Datum

2.4 Fräsen der Platte

8. Beschreiben Sie, wie Sie beim Fräsen der Langlöcher a) mit einem Langlochfräser und b) mit einem Schaftfräser vorgehen.

a) Die Langlöcher werden mit einem Langlochfräser Ø 14 mm schichtweise in mehreren Schnitten gefräst. Dabei wird der Langlochfräser für jeden Schnitt um einige Millimeter in axialer Richtung tiefer verstellt.

b) Die Rundungen der Langlöcher werden mit einem Spiralbohrer Ø 14 mm hergestellt. Anschließend taucht man mit einem Schaftfräser Ø 12 mm in eine der Bohrungen und fräst erst die eine und dann die gegenüberliegende Langlochseite in einem Schnitt.

9. Wählen Sie zum Fräsen der Nut 40 x 3 mm ein geeignetes Fräswerkzeug. Geben Sie als Werkzeugmerkmale Fräserart, Durchmesser und Frästertyp an. Begründen Sie Ihre Wahl.

Fräswerkzeug: Walzenstirnfräser Ø 40 mm Typ N

Werkzeugmerkmale	Begründung
Walzenstirnfräser	Werkzeug ist zum Stirnumfangsfräsen größerer Nuten geeignet.
Ø 40 mm	Die Toleranzen (± 0,3 mm) können beim Fräsen in einem Schnitt eingehalten werden.
Typ N	Stahlbaustähle (S235) werden mit Typ N gefräst. Aufgrund der geringen Schnitttiefe
	(a_p = 3 mm) ist keine Schrupp-Schlichtverzahnung notwendig.

10. Bestimmen Sie die Richtwerte für das Fräsen mit dem Walzenstirnfräser Ø 40 mm und dem Schaftfräser Ø 12 mm aus HS.

Geg.: Werkstoff S235JR+C → unlegierter Baustahl R_m = 340 ... 470 N/mm²
Fräser HS
R_z = 25µm → Schlichten

Ges.: v_c, f_z, a_p

Lösung:

Richtwerte	Walzenstirnfräser Ø 40 mm	Schaftfräser Ø 12 mm
Vorschub pro Zahn	f_z = 0,11 mm	f_z = 0,05 mm
Schnitttiefe	a_p = 1 ... 8 mm	-
Schnittgeschwindigkeit	v_c = 30 ... 20 m/min	v_c = 28 m/min

Name	Klasse	Datum

11. Berechnen Sie die Umdrehungsfrequenz und die Vorschubgeschwindigkeit für das Fräsen der Nut 40 x 3 mm mit einem Walzenstirnfräser Ø 40 mm aus HS und 8 Schneiden. An der Fräsmaschine sind die Umdrehungsfrequenzen und Vorschubgeschwindigkeiten nach der Reihe R20 einstellbar.

Umdrehungsfrequenz

Geg.: Richtwert: $v_c = 30$ m/min
Walzenstirnfräser: $d = 40$ mm, HS

Ges.: n in 1/min

Rechnung: $n = \frac{v_c}{d \cdot \pi}$

$n = \frac{30 \text{ m} \cdot 1000 \text{ m}}{\text{min} \cdot 40 \text{ mm} \cdot \pi \cdot 1 \text{ m}} = 239 \frac{1}{\text{min}}$

eingestellt: $224 \frac{1}{\text{min}}$

Vorschubgeschwindigkeit

Geg.: Richtwert: $f_z = 0{,}11$ mm
Walzenstirnfräser: $z = 8$

Ges.: v_f in mm/min

Rechnung: $v_f = f_z \cdot z \cdot n$

$n = 0{,}11 \text{ mm} \cdot 8 \cdot 224 \frac{1}{\text{min}} = 197 \frac{\text{mm}}{\text{min}}$

eingestellt: $180 \frac{1}{\text{min}}$

12. Erstellen Sie einen Arbeitsplan für das Fräsen der Platte einschließlich dem Bohren der Kernlochbohrung für das Feingewinde M20x1.

Lfd. Nr.	Arbeitsvorgang	Arbeitsmittel	Arbeitswerte
1.	Platte spannen	Maschinenschraubstock,	
		Parallelleisten, Schonhammer	
2.	Umfangsfräsen erste Stirnfläche	Schaftfräser Ø 14 mm, Typ N	n = 355 m/min
			v_f = 125 mm/min
3.	Umspannen	Maschinenschraubstock.	
		Parallelleisten, Schonhammer	
4.	Umfangsfräsen zweite Stirnfläche auf	Schaftfräser Ø 14 mm, Typ N	n = 355 m/min
	Maß 80 mm		v_f = 125 mm/min
5.	Umspannen	Maschinenschraubstock,	
		Parallelleisten, Schonhammer	
6.	Vor- und Aufbohren der Kernlochbohrung für	Spiralbohrer Ø 6 und 19 mm	n = 2000 1/min
	die Gewindebohrung M20x1		n = 500 1/min
7.	Vor- und Aufbohren der Langlöcher	Spiralbohrer Ø 6 und 14 mm	n = 2000 1/min
			n = 560 1/min
8.	Umfangsfräsen der Langlöcher	Schaftfräser Ø 14 mm, Typ NF	n = 355 m/min
			v_f = 125 mm/min
9.	Stirnumfangsfräsen der Nut 40 x 3 mm	Walzenstirnfräser Ø 40 mm, Typ N	n = 224 m/min
			v_f = 180 mm/min
10.	Kanten entgraten, Maßkontrolle	Flachstumpffeile, Messschieber	

Name Klasse Datum

BOHRVORRICHTUNG 3

Verwendung

Die Ausbildungsabteilung eines Betriebes übernimmt kleinere Fertigungsaufträge für verschiedene Produktionsabteilungen. Hierzu gehört, neben anderen Tätigkeiten, auch das Bohren von kleinen Blechwinkeln. Für diesen Zweck wurde eine Bohrvorrichtung gebaut, die auf der vorliegenden Gesamt-Zeichnung dargestellt ist.

Gesamtauftrag

Die Bohrvorrichtung ist aus dem Aufbewahrungsregal gefallen. Dabei wurden einige Teile beschädigt. Diese sind durch neue Teile zu ersetzen. Hierzu sind Demontage- und Montageaufgaben durchzuführen.

Weiterhin sind aufgrund eines Verbesserungsvorschlages zwei Veränderungen vorzunehmen:

a) Beim Festdrehen der Rändelschraube (14) sollen Druckstellen auf dem zu bohrenden Blechwinkel vermieden werden. Hierzu ist ein Teil aus Kunststoff an der Rändel-schraube zu befestigen.

b) Der Grundkörper der Bohrvorrichtung ist als Schweißkonstruktion zu gestalten. Diese soll zum Aufbau und für die Erprobung einer neuen Bohrvorrichtung verwendet werden.

Arbeitsaufträge

Zum Erfüllen des Gesamtauftrages sind folgende Arbeitsaufträge auszuführen:

3.1 Analyse der technischen Unterlagen

3.2 Herstellen von Schraubenverbindungen

3.3 Herstellen von Stiftverbindungen

3.4 Herstellen einer Klebeverbindung

3.5 Demontieren und Montieren der Bohrvorrichtung

3.6 Herstellen einer Schweißkonstruktion

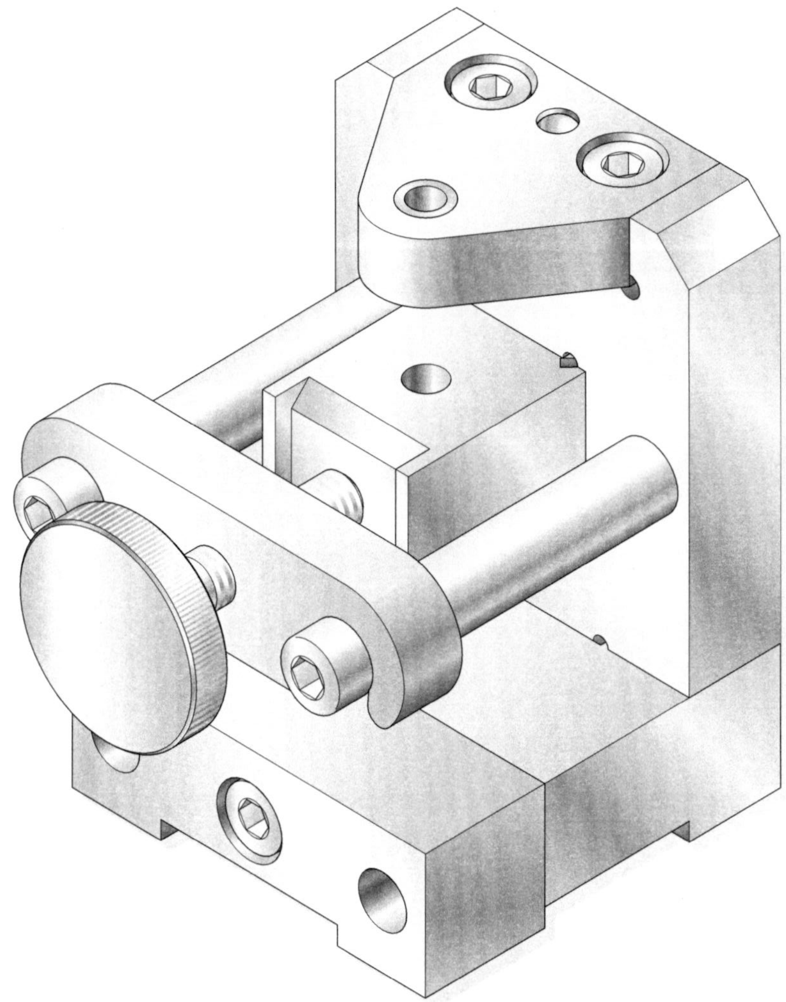

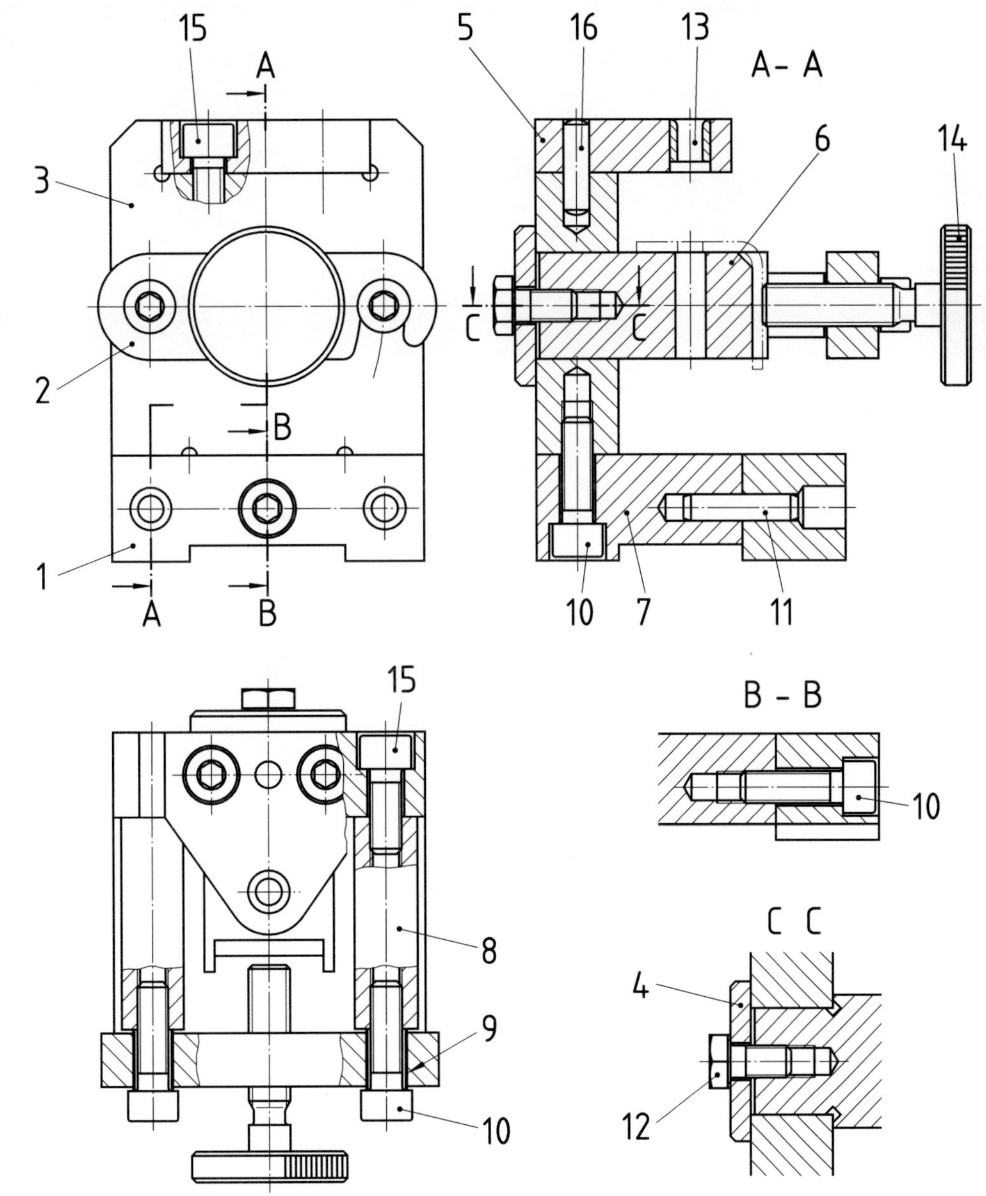

Pos.	Menge	Einh.	Benennung	Sachnummer/Norm-Kurzbezeichn.	Bemerkung
16	1	Stck.	Zylinderstift	ISO 2338 - 6m6 x 16	St
15	4	Stck.	Zylinderschraube	DIN EN ISO 4762 - M6 x 16	8.8
14	1	Stck.	Rändelschraube	DIN 653 - M8 x 35	5.8
13	1	Stck.	Bohrbuchse	DIN 179 - A5 x 8	
12	1	Stck.	Sechskantschraube	ISO 4014 - M6 x 12	8.8
11	2	Stck.	Zylinderstift	ISO 2338 -5m6 x 20	St
10	5	Stck.	Zylinderschraube	DIN EN ISO 4762 - M6 x 20	8.8
9	2	Stck.	Distanzbuchse		PUR
8	2	Stck.	Riegelträger		S 235 JR
7	1	Stck.	Grundplatte		S 235 JR
6	1	Stck.	Aufnahme		S 235 JR
5	1	Stck.	Führungssteg		S 235 JR
4	1	Stck.	Scheibe		S 235 JR
3	1	Stck.	Platte		S 235 JR
2	1	Stck.	Schwenkriegel		S 235 JR
1	1	Stck.	Standfuß		S 235 JR
1	2	3	4	5	6

DIN ISO 2768 - m | DIN EN ISO 1302 | Maßstab 1:1 | (Masse)

	Datum	Name
Bearb.	10/2004	W. Rund
Gepr.		
Norm		
Abt.		

westermann

Bohrvorrichtung

03

Blatt | Bl.

Zust. | Änderung | Datum | Name | Ursprung | Ersatz für : | Ersetzt durch :

3.1 Analyse der technischen Unterlagen

1. Beschreiben Sie die Art der Darstellung der Ansichten und Schnitte auf der Gesamt-Zeichnung.

- Die Bohrvorrichtung ist in drei Ansichten mit zusätzlichen Schnitten dargestellt.
- Vorderansicht in Ansicht mit einem Ausbruch für Pos. 15.
- Seitenansicht im Schnitt A-A. Der Schnittverlauf ist aus der Vorderansicht ersichtlich.
- Draufsicht in Ansicht mit Ausbrüchen für die Befestigung des Schwenkriegels (Pos. 2).
- Der Schnitt B-B zeigt, mit welcher Schraube der Standfuß (Pos. 1) an der Grundplatte (7) befestigt ist. Der Schnittverlauf kann der Vorderansicht entnommen werden.
- Der Schnitt C-C zeigt die Form der Aufnahme (Pos. 6) in der Draufsicht und wie sie in der Platte (Pos. 3) gefügt ist. Der Schnittverlauf kann der Seitenansicht entnommen werden.

2. Im Schnitt dargestellte Bauteile erhalten eine Schraffur. Nennen Sie die Bauteile, die nicht geschnitten dargestellt werden, obwohl sie in der Schnittebene liegen.

- Schrauben (Pos. 10, 12, 14, 15).
- Zylinderstifte (Pos. 11, 16).

3. Woran ist beim Zeichnungslesen erkennbar, dass mehrere geschnitten dargestellte Teile aneinander treffen?

An den unterschiedlichen Schraffurrichtungen und Abständen der Schraffurlinien.

4. Die Distanzbuchse (Pos. 9) ist aus Kunststoff (PUR). Weil dieses Bauteil dünnwandig ist, wurde auf die Darstellung von Schraffurlinien verzichtet und die Schnittfläche geschwärzt. Wie muss dieses Bauteil normalerweise schraffiert werden? Zur Erklärung kann auch eine Skizze angefertigt werden.

Mit einer Doppelschraffur (Kreuzschraffur).

5. In der Stückliste werden alle Bauteile mit der Positionsnummer nach der Gesamtzeichnung aufgelistet. Unterscheiden Sie die Bauteile der Stückliste nach Fertigungs- und Normteilen.

- Fertigungsteile Pos. 1 – 9
- Normteile Pos. 10 - 16

6. Welche wesentlichen Informationen lassen sich zu den Normteilen aus der Stückliste entnehmen.

Norm-Kurzbezeichnungen bzw. Normteilabmessungen sowie die Stückzahl.

Name	Klasse	Datum

7. Untersuchen Sie den Aufbau der Bohrvorrichtung:
   a) Tragen Sie in der isometrischen Darstellung die Positionsnummern der vier Bauteile ein, die den Grundkörper der Bohrvorrichtung bilden.
   b) Tragen Sie die Positionsnummern der Normteile ein, mit denen die Einzelteile des Grundkörpers (nach Aufgabe 7a) gefügt sind.

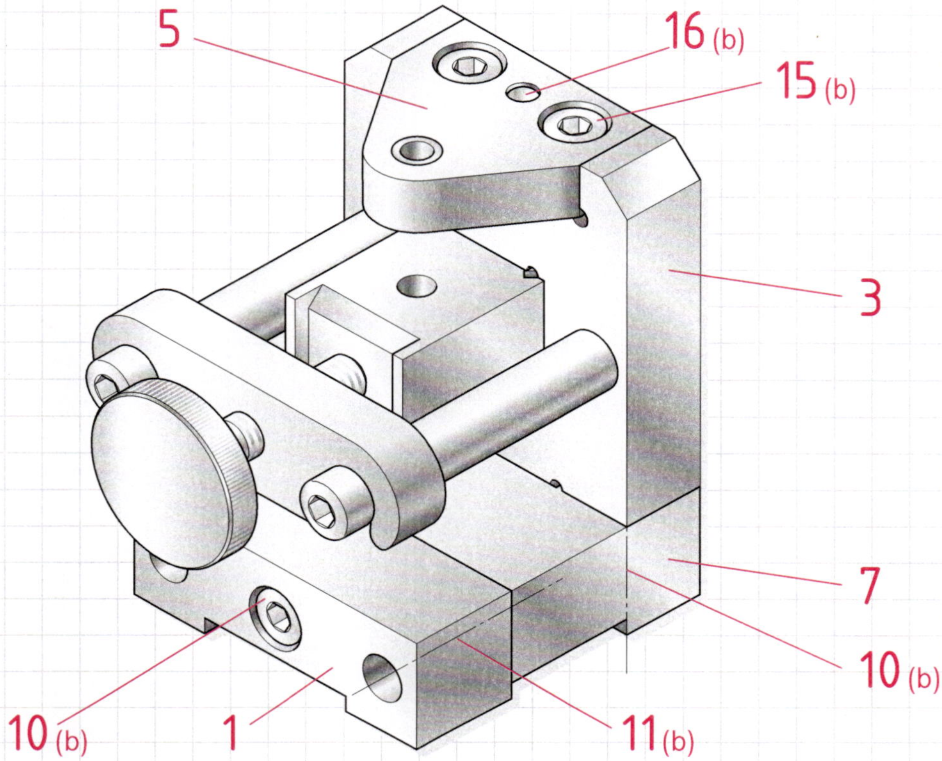

c) Tragen Sie die Positionsnummern der Bauteile ein, die zur Befestigung der Aufnahme (Pos. 6) dienen.

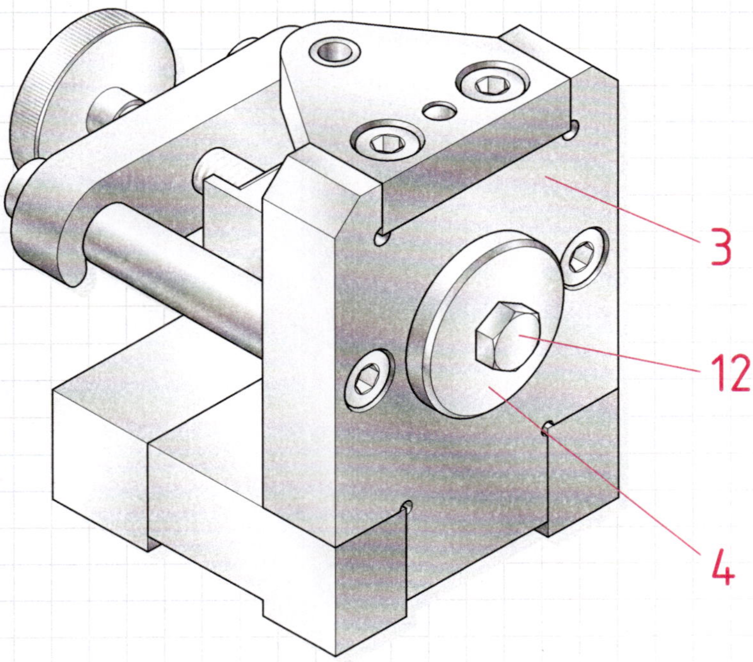

Name	Klasse	Datum

3.1 Analyse der technischen Unterlagen

d) Tragen Sie die Positionsnummern der Normteile ein, mit denen die Riegelträger (Pos. 8) befestigt sind.

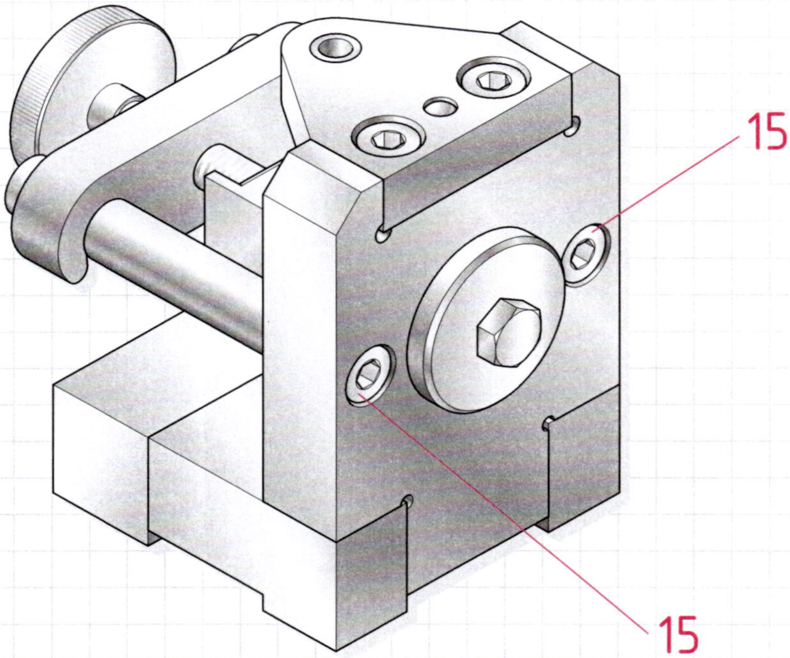

e) Tragen Sie die Positionsnummern der Normteile ein, die zur Befestigung des Schwenkriegels (Pos. 2) dienen.

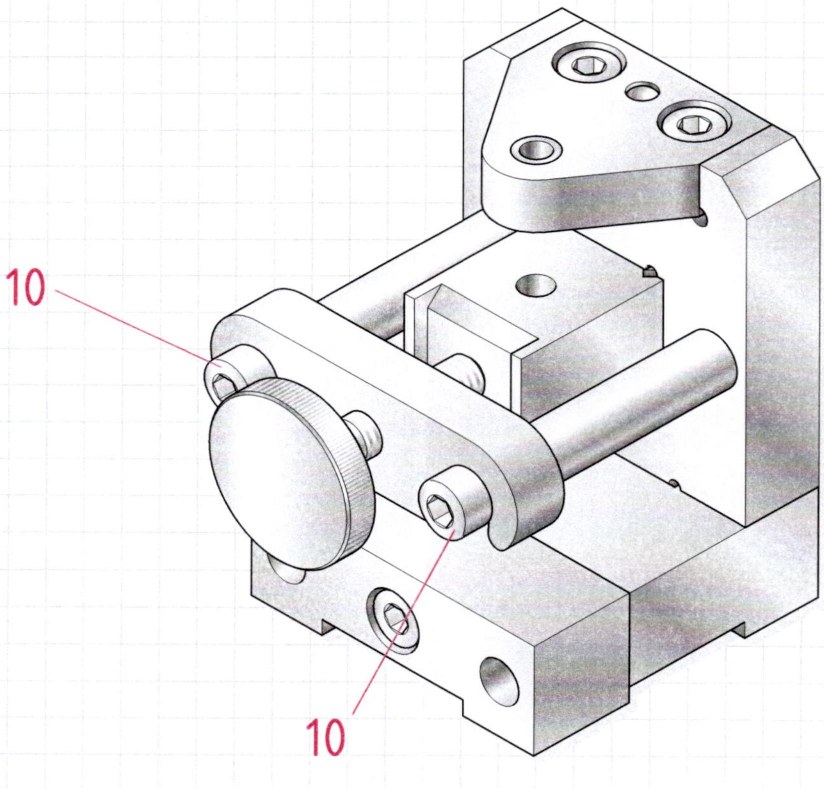

Name	Klasse	Datum

8. Untersuchen Sie die Funktion der Bohrvorrichtung:

a) Mit Hilfe der Bohrvorrichtung soll ein Winkel gebohrt werden. Damit der Winkel in die Aufnahme (Pos. 6) eingelegt werden kann, wird der Schwenkriegel (Pos. 2) entgegen des Uhrzeigersinns geschwenkt.

Beschreiben Sie nach den Abbildungen, durch welche konstruktiven Maßnahmen dieser Vorgang möglich ist.

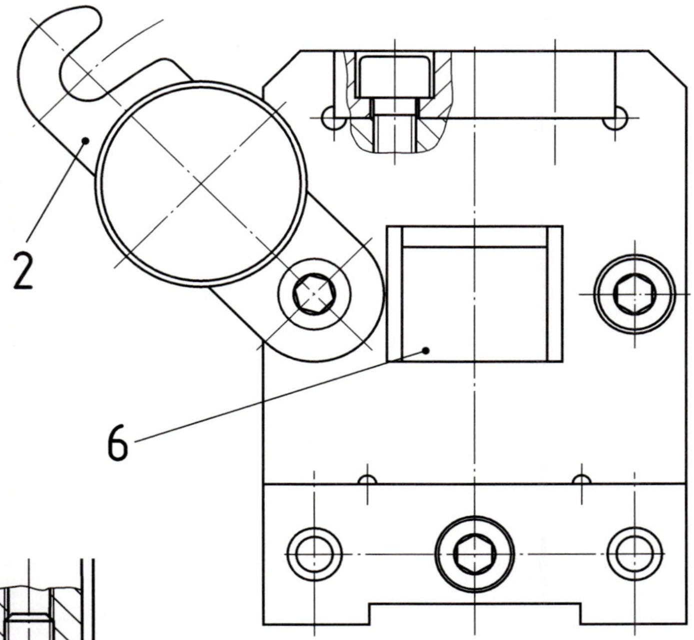

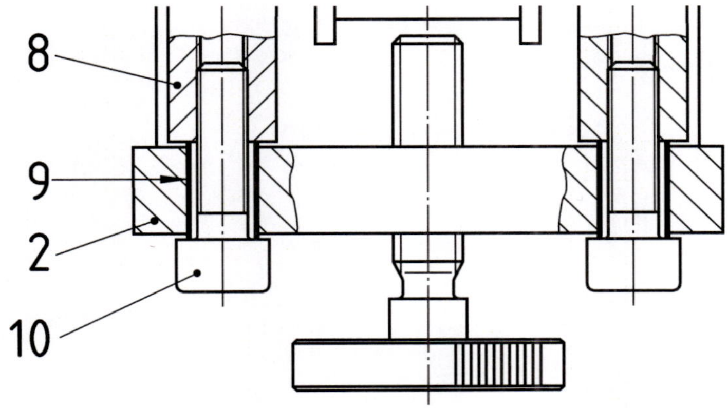

1) Die Distanzbuchsen (Pos. 9) sind länger als der Schwenkriegel (Pos. 2) dick ist. Werden die Zylinderschrauben (Pos. 10) festgezogen, klemmen diese den Schwenkriegel nicht fest. Vielmehr hat der Schwenkriegel zwischen der Anlage zum Schraubenkopf (10) und den Riegelträgern (8) Spiel.

2) Der Schwenkriegel kann um die linke Zylinderschraube (Pos. 10) schwenken, weil das rechte Endstück als offenes Langloch ausgeführt ist.

b) Beschreiben Sie das Einlegen und Spannen des zu bohrenden Winkels.

Winkel in die Nut der Aufnahme (Pos. 6) einlegen. Schwenkriegel im Uhrzeigersinn bis zum Anschlag drehen und mit der Rändelschraube (Pos. 14) den Winkel festklemmen.

Name	Klasse	Datum

3.2 Herstellen von Schraubenverbindungen

1. Benennen Sie die Art der Schraubenverbindung zwischen der Grundplatte (Pos. 7) und der Platte (Pos. 3) und beschreiben Sie dessen typischen Merkmale.

Diese Verbindungsart wird als Einziehverbindung bezeichnet. Ein Teil hat eine Durchgangsbohrung (Grundplatte, Pos. 7) und das andere Teil eine Gewinde-Grundlochbohrung (Platte, Pos. 3). Der Schraubenkopf ist raumsparend versenkt.

2. Der Zeichnungsausschnitt zeigt die Schraubenverbindung zwischen der Grundplatte (Pos. 7) und der Platte (Pos. 3). Ergänzen Sie die Hinweislinien mit den normgerechten Bezeichnungen, z. B. Nenndurchmesser der Schraube, Kerndurchmesser der Gewindebohrung u.s.w.

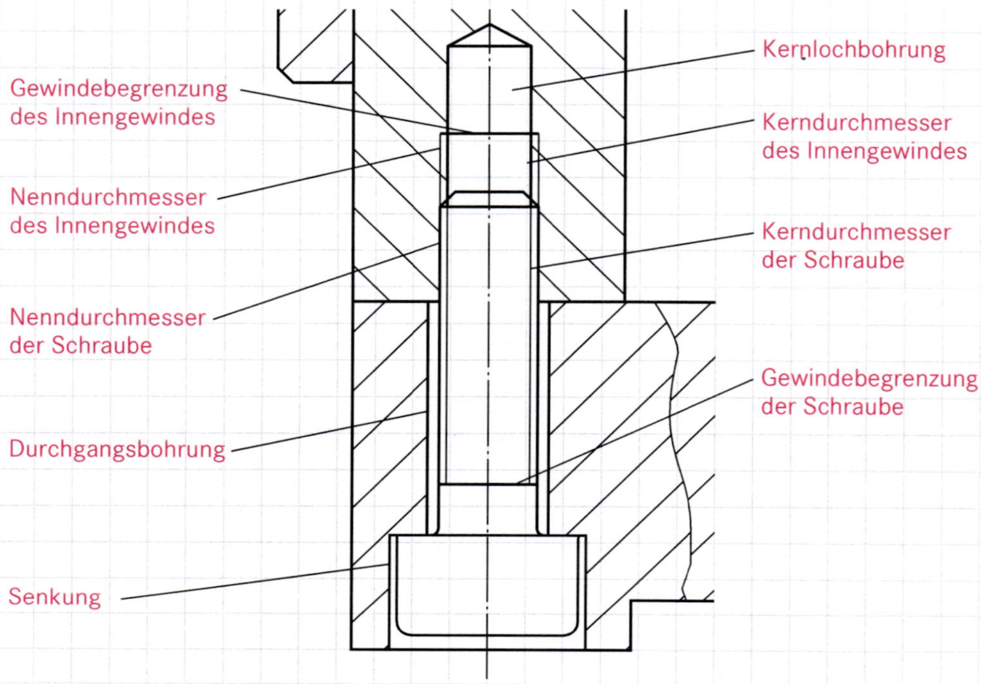

3. Die Schraubenverbindung zwischen der Grundplatte (Pos. 7) und der Platte (Pos. 3) soll hergestellt werden.

   a) Erklären Sie die Norm-Kurzbezeichnung der Schraube nach der Stückliste.

Norm-Kurzbezeichnung	Erklärung
Zylinderschraube ISO 4762	Zylinderschraube mit Innensechskant
M6	Metrisches Gewinde mit Nenndurchmesser 6 mm
20	Nennlänge 20 mm
8.8	Festigkeitsklasse

   b) Bemaßen Sie in der Zeichnung die Nennlänge der Schraube.

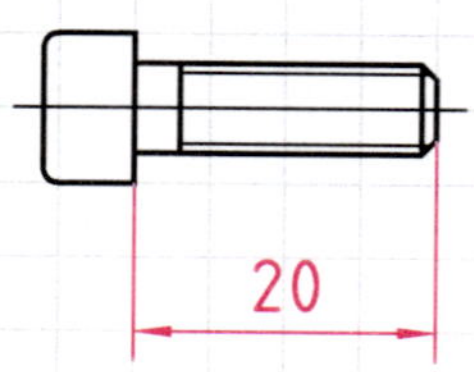

Name	Klasse	Datum

4. Auf dem Schraubenkopf stehen die Kennzahlen 8.8. Erklären Sie diese Angabe.

8 . 8

- zweite Ziffer: Streckgrenze R_e = 640 N/mm² (8 x 8 x 10 = 640)
- erste Ziffer: Mindestzugfestigkeit R_m = 800 N/mm² (8 x 100 = 800)

5. Nennen Sie die wichtigsten Merkmale, die das Gewinde der Schraube (Pos. 10) aufweist.

Metrisches Regelgewinde, eingängig, Rechtsgewinde.

6. Wovon ist beim Anziehen der Schraube (Pos. 10) die Größe des Anziehdrehmomentes M_A abhängig?

Von der Handkraft F_H und der Hebellänge l.

7. Beschreiben Sie
   a) welche Bewegungsumwandlung beim Anziehen der Schraube (Pos. 10) stattfindet und
   b) welche Kraft dabei in der Schraubenverbindung entsteht.

a) Die Drehbewegung der Schraube wird in eine Längsbewegung umgewandelt.

b) Es entsteht die Vorspannkraft F_V.

8. Beim Anziehen der Schraube (Pos. 10) wird ein Werkzeug mit einer Hebellänge von 120 mm verwendet. Die angreifende Handkraft beträgt 90 N.
   a) Ermitteln Sie die Gewindesteigung der Schraube.
   b) Berechnen Sie das Anziehdrehmoment M_A das auf die Schraube wirkt.
   c) Berechnen Sie die Vorspannkraft F_V, die mit dem Anziehdrehmoment erzeugt werden kann (Wirkungsgrad 15 %).

a) Steigung P = 1 mm
(→ Tabellenbuch)

b) $M_A = F_H \cdot l = 90\ \text{N} \cdot 0{,}12\ \text{m}$

$M_A = 10{,}8\ \text{Nm}$

c) $F_V = \dfrac{2 \cdot \pi \cdot \eta \cdot M_A}{P}$

$F_V = \dfrac{2 \cdot \pi \cdot 0{,}15 \cdot 10{,}8\ \text{Nm}}{0{,}01\ \text{m}}$

$F_V = 1017{,}8\ \text{N}$

Name	Klasse	Datum

9. Beschreiben Sie die Bedeutung des Wirkungsgrades η, der in der Formel zur Berechnung der Vorspannkraft F_V (Aufgabe 8) eingesetzt wird.

Das Anziehen der Schraubenverbindung ist u.a. von der Reibung abhängig, die zwischen den Gewindegängen und zwischen dem Schraubenkopf und der Auflagefläche entsteht. Die Reibungsverluste werden durch den Wirkungsgrad η angegeben.

10. Die Schrauben (Pos. 10) haben sich gelockert. Beschreiben Sie mögliche Auswirkungen durch diese lose Schraubenverbindung.

Die Platte (Pos. 3) mit allen montierten Bauteilen sitzt nicht mehr fest und rechtwinklig in der Grundplatte (Pos. 7). Eine genaue Führung des Bohrers durch die Bohrbuchse (Pos. 13) ist u.U. nicht mehr gewährleistet.

11. Die Schrauben (Pos. 10) sollen gegen Lockern gesichert werden. Nennen Sie zwei Möglichkeiten zur Sicherung der Verbindung und geben Sie das jeweilige Wirkprinzip an.

Federring (Kraftschluss) oder Klebstoff (Stoffschluss).

12. Begründen Sie die Aussage: Schraubenverbindungen sind kraftschlüssige Verbindungen.

Durch das Anziehen entsteht in der Schraube eine Längskraft, welche die zu verbindenden Teile aneinander presst. Wird die Verbindung belastet, entsteht zwischen den Bauteilen eine Reibungskraft, die ein Verschieben verhindert.

13. Warum ist die Reibung in einer Schraubenverbindung notwendig?

Bei einer Schraubenverbindung ist die Reibung zwischen den Bauteilen und im Gewinde notwendig, damit sich die Verbindung nicht löst.

14. Nennen Sie die Faktoren, die eine Reibung zwischen zu fügenden Bauteilen beeinflussen.

- Reibungsart (Gleit-, Haft- oder Rollreibung),
- Werkstoffpaarung,
- Oberflächenbeschaffenheit,
- Schmierung.

15. Nennen Sie die Reibungsarten, die
   a) zwischen der Rändelschraube (Pos. 14) und dem Schwenkriegel (Pos. 2) sowie
   b) zwischen der Bohrbuchse (Pos. 13) und dem Führungssteg (Pos. 5) wirken.

a) Gleitreibung   b) Haftreibung

Name	Klasse	Datum

1. a) Erklären Sie die Normbezeichnung des Zylinderstifts (Pos. 11) nach der Stückliste.

Norm-Kurzbezeichnung	Erklärung
Zylinderschraube ISO 2338	gehärteter Zylinderstift
6	Nenndurchmesser = 6 mm
m6	Toleranzklasse m6
16	Nennlänge des Stiftes = 16 mm
St	Werkstoff: Stahl

b) Nennen Sie den allgemeinen Verwendungszweck für ungehärtete und gehärtete Zylinderstifte.

- Ungehärtete Zylinderstifte genügen normalen Beanspruchungen.
- Gehärtete Zylinderstifte verbinden hochbeanspruchte Bauteile.

2. Der Standfuß (Pos. 1) und die Grundplatte (Pos. 7) sind mit Zylinderstiften (Pos. 11) und einer Zylinderschraube (Pos. 10) verbunden.

a) Nennen Sie die Aufgaben der Zylinderstifte.

Die beiden Zylinderstifte verbinden die Bauteile formschlüssig miteinander und legen ihre Lage zueinander fest.

b) Nennen Sie die Aufgabe der Zylinderschraube.

Die Zylinderschraube verbindet die Bauteile kraftschlüssig miteinander.

3. Beschreiben Sie die Passungsart zwischen den Zylinderstiften und den Bohrungen in den Bauteilen.

Übermaßpassung: Das Höchstmaß der Bohrungen ist kleiner als das Mindestmaß der Zylinderstifte oder gleich groß.

4. Die Bohrungen für die Zylinderstifte (Pos. 11) sind in der richtigen Größe gebohrt und frei von Fremdkörpern. Trotzdem lassen sich die Stifte nicht tief genug in die Stiftbohrung treiben. Nennen Sie

a) die Ursache des Problems und

b) Möglichkeiten zur Problemlösung.

a) Die Luft in der Stiftbohrung kann nicht entweichen.

b) Seitliche Fläche an den Zylinderstift feilen oder eine Bohrung zur Luftentweichung in den Grundkörper (Pos. 7) bohren.

Name	Klasse	Datum

3.3 Herstellen von Stiftverbindungen

5. Die Grundplatte (Pos. 7) und der Standfuß (Pos. 1) sind zu montieren. Erstellen Sie einen Arbeitsplan zum Herstellen der Zylinderstiftverbindungen.

   Hinweis: Die Senkung und die Gewindebohrung für die Zylinderschraube (Pos. 10) sind bereits vorhanden.

Lfd. Nr.	Arbeitsvorgang	Arbeitsmittel	Arbeitswerte/ Bemerkungen
1.	Zylinderstiftbohrungen anreißen und	Anreißgerät, Körner, Hammer	
	körnen		
2.	Grundplatte (Pos. 7) und Standfuß (Pos. 1)	Sechskant-Stiftschlüssel SW 5	
	mit der Zylinderschraube (Pos. 10) fest ver-		
	schrauben. Dabei die Teile ausrichten.		
3.	Teile gemeinsam spannen	Maschinenschraubstock	
4.	Stiftbohrungen bohren	Spiralbohrer Ø 4,9 mm, HS	n = 2240 1/min
5.	Stiftbohrung im Standfuß (Pos. 11)	Spiralbohrer Ø 8 mm, HS	n = 1400 1/min
	einseitig 8 mm tief aufbohren		
6.	Bohrungen spanfrei machen		Pressluft
			Schutzbrille auf-
			ziehen
7.	Stiftbohrungen Ø 5 H7 reiben	Maschinenreibahle Ø 5 H7, HS	n = 560 1/min
8.	Teile demontieren	Sechskant-Stiftschlüssel SW 5	
9.	Stiftbohrungen entgraten	Kegelsenker 90°	n = 560 1/min
10.	Grundplatte und Standfuß mit Zylinder-	Hammer,	Zylinderstifte
	schraube (Pos. 10) und Zylinderstiften (Pos. 11)	Sechskant-Stiftschlüsel SW 5	leicht einölen
	verschrauben und verstiften		

Name	Klasse	Datum

Herstellen einer Klebeverbindung

1. Beim Festdrehen der Rändelschraube (14) sollen Druckstellen auf dem zu bohrenden Blechwinkel vermieden werden. Dazu ist auf die Stirnfläche der Rändelschraube ein Schutzplättchen (Ø 6, *t* = 2 mm) aus Kunststoff (PVC, hart) zu kleben. Ergänzen Sie den dargestellten Ausschnitt aus der Gesamtzeichnung mit
   a) einer Schraffur für das Schutzplättchen,
   b) einer Pos.-Nr. für das Schutzplättchen,
   c) einer Wortangabe für die Klebeverbindung und
   c) einem Stücklisteneintrag für das Schutzplättchen.

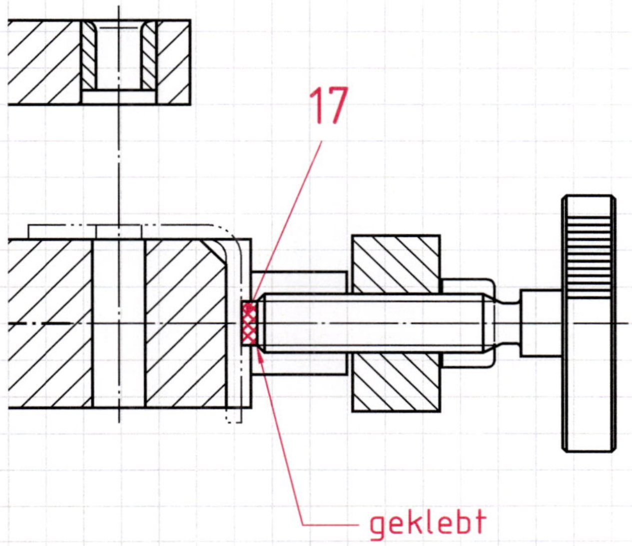

17	1	Stck.	Schutzplättchen	Ø 6 x 2	PVC, hart
Pos.	Menge	Einh.	Benennung	Sachnummer/Norm-Kurzbezeichn.	Bemerkung
1	2	3	4	5	6

2. Erklären Sie die Abkürzung PVC. Beschreiben Sie, warum dieser Kunststoff für diese Klebeverbindung gut zu verwenden ist.

PVC = Polyvinylchlorid.

Dieser Kunststoff gehört zu den Thermoplasten und ist bei Raumtemperatur fest und hart, warm umformbar und schweißbar.

Name	Klasse	Datum

3.4 Herstellen einer Klebeverbindung

3. Nennen Sie die Arbeitsschritte zum Herstellen der Klebeverbindung mit einem Kontaktklebstoff. Beziehen Sie Punkte zur Unfallverhütung in die Beschreibung ein.

1. Arbeitsraum belüften.
2. Handschuhe tragen.
3. Nicht Rauchen, keine offene Flamme in der Nähe.
4. Fügefläche der Rändelschraube mit Schmirgelleinen behandeln.
5. Fügeflächen der Rändelschraube und des Schutzplättchens entfetten.
6. Klebstoff nach Herstellervorschrift auftragen.
7. Klebstoffbehälter verschließen.
8. Teile nach Verdunsten des Lösungsmittels unter Druck fügen.

4. Beschreiben Sie, welche Verbindungsart Sie hergestellt haben.

Hergestellt wurde eine unlösbare, stoffschlüssige Verbindung.

5. Nennen Sie je drei Vor- und Nachteile das Schutzplättchen durch Kleben zu verbinden.

Vorteile:

- Fügen unterschiedlicher metallischer und nichtmetallischer Werkstoffe,
- leichte Verbindung,
- keine Gefügeveränderung im Grundwerkstoff.

Nachteile:

- eingeschränkter Temperaturbereich bezüglich der Verwendung,
- physikalische und chemische Vorbehandlung der Fügeflächen,
- eventuell längerer Aushärtevorgang.

Name	Klasse	Datum

Demontieren und Montieren der Bohrvorrichtung

3.5

1. Ergänzen Sie die Aufbauübersicht zur Bohrvorrichtung mit den Bauteilbezeichnungen und Pos.-Nr. nach der Gesamtzeichnung, der Stückliste und des Anordnungsplanes.

Anordnungsplan Bohrvorrichtung

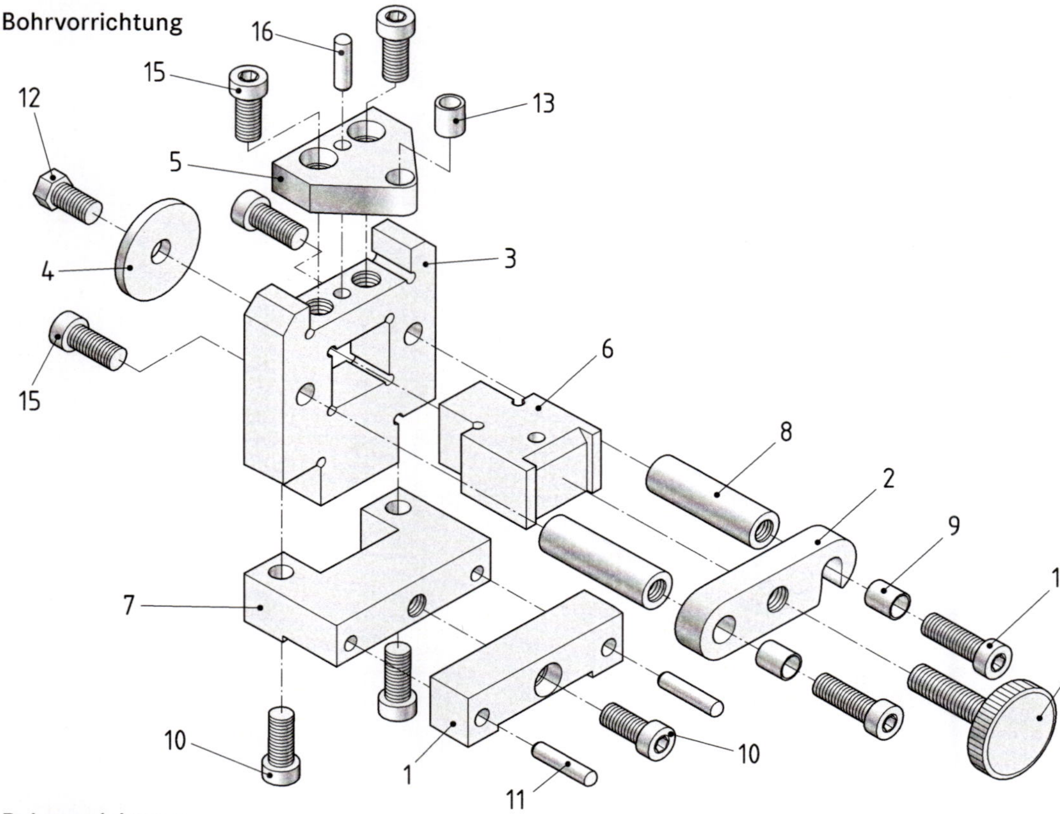

Aufbauübersicht Bohrvorrichtung

- Bohrvorrichtung komplett
  - Grundplatte komplett
    - Grundplatte (7)
    - Standfuß (1)
    - Zylinderschraube (10)
    - Zylinderstift (11)
  - Platte Baugruppe
    - Aufnahme komplett
      - Platte (3)
      - Aufnahme (6)
      - Scheibe (4)
      - Sechskantschraube (12)
    - Riegelträger komplett
      - Riegelträger (8)
      - Schwenkriegel (2)
      - Distanzbuchse (9)
      - Zylinderschraube (15)
    - Rändelschraube (14)
    - Führungssteg komplett
      - Führungssteg (5)
      - Bohrbuchse (13)
      - Zylinderschraube (15)
      - Zylinderstift (16)
  - Zylinderschraube (10)

Name	Klasse	Datum

3.5 Demontieren und Montieren der Bohrvorrichtung

2. Nach dem Sturz der Bohrvorrichtung aus dem Aufbewahrungsregal wurde festgestellt, dass die Platte (Pos. 3) nicht mehr rechtwinklig zur Grundplatte (Pos. 7) ausgerichtet ist. Zur Ermittlung des Fehlers bzw. der schadhaften Teile ist die Platte so zu demontieren, dass sie als Einzelteil vorliegt. Erstellen Sie für diese Aufgabe einen Demontageplan.

Demontageplan Platte (Pos. 3)				
Lfd. Nr.	Arbeitsvorgang	Arbeitsplatz	Arbeitsmittel	Bemerkungen
1.	Zylinderschrauben (15) aus dem	Werkbank	Winkelschraubendreher	
	Führungssteg (5) drehen)			
2.	Führungssteg (5) über den Zylin-		Schraubstock bzw.	
	derstift (16) abziehen		Spannzange	
3.	Zylinderstift (16) herausziehen		Zange	Zylinderstift zum
				Metallschrott
				geben
4.	Zylinderschrauben (15) aus der		Winkelschraubendreher	
	Platte (3) drehen und die Riegel-			
	träger (8) mit allen angebauten			
	Teilen entnehmen.			
5.	Sechskantschraube (12) heraus-		Schraubenschlüssel	
	drehen und Aufnahme (6) aus der			
	Platte ziehen.			
6.	Zylinderschrauben (10) aus der		Winkelschraubendreher	
	Grundplatte (7) drehen und die			
	Platte entnehmen.			

3. Das Lösen der Schraubenverbindung zwischen der Platte (Pos. 3) und der Grundplatte (Pos. 7) erfolgte nur sehr schwergängig. Beschreiben Sie die Ursachen und die sich daraus ergebenden Maßnahmen.

Ursachen: Das Gewinde der Schrauben bzw. die Innengewinde der Platte (Pos. 3) sind beschädigt.

Maßnahme: Die Platte ist neu anzufertigen. Die Schrauben sind durch neue zu ersetzen (siehe Stückliste).

Name	Klasse	Datum

4. Ihnen werden alle Einzelteile der Bohrvorrichtung an Ihren Arbeitsplatz geliefert. Sie erhalten den Auftrag, sie zur Bohrvorrichtung zu montieren. Erstellen Sie dazu einen Montageplan.

Montageplan Bohrvorrichtung				
Lfd. Nr.	Arbeitsvorgang	Arbeitsplatz	Arbeitsmittel	Bemerkungen
1.	Grundplatte (7) und Standfuß (1)	Werkbank	Winkelschraubendreher	
	mit Zylinderschraube (10) lose			
	verschrauben.			
2.	Zylinderstifte (11) eintreiben und		Hammer, Durchschlag,	Bauteile zuein-
	Zylinderschraube (10) festdrehen.		Winkelschraubendreher	ausrichten
3.	Platte (3) mit den Zylinderschrau-		Winkelschraubendreher	
	ben (10) and der Grundplatte (7)			
	verschrauben.			
4.	Aufnahme (6) in die Platte (3)		Schraubenschlüssel	
	stecken und Sechskantschraube (12)			
	mit Scheibe (4) montieren.			
5.	Riegelträger (8) mit den Zylinder-		Winkelschraubendreher	
	schrauben (15) an der Platte (3)			
	befestigen.			
6.	Distanzbuchsen (9) in den		Hammer	Buchsen müssen
	Schwenkriegel (2) pressen.			im Schwenkriegel
				beidseitig über-
				stehen.
7.	Schwenkriegel mit den Zylinder-		Winkelschraubendreher	Schwenkriegel
	schrauben (15) an den Riegelträgern			muss leichtgängig
	befestigen.			schwenkbar sein.
8.	Rändelschraube (14) in den Riegel-			
	träger drehen.			
9.	Bohrbuchse (13) in den Führungs-		Hammer	
	steg (5) einpressen.			
10.	Führungssteg (5) in die Platte (3)			
	einlegen.			
11.	Führungssteg mit Zylinderstift (16)		Hammer,	
	und Zylinderschrauben (15) ver-		Winkelschraubendreher	
	stiften und verschrauben.			

Name	Klasse	Datum

3.6 Herstellen einer Schweißkonstruktion

1. Der Grundkörper der Bohrvorrichtung ist als Schweißkonstruktion zu gestalten. Hierzu sind drei Bauteile nach der unten stehenden Zeichnung zu verschweißen.
   Nennen Sie Vor- und Nachteile des Schweißens gegenüber dem Fügen mit Schrauben und Stiften.

Vorteile: Bauteile können ohne großen Fertigungsaufwand fest miteinander verbunden werden. Schnelles Herstellen einer Fügeverbindung. Einfachere konstruktive Gestaltung der Bauteile.

Nachteile: Bauteile sind unlösbar miteinander verbunden. Nur Bauteile aus gleichem Werkstoff können verbunden werden. Eventuell sind durch Spannungen Nacharbeiten erforderlich.

2. Erklären Sie die mit einer Nummer versehenen Eintragungen in der Schweißzeichnung.

Nr.	Eintragung	Erklärung
①	Stoßart	T-Stoß
②	Stoßart	Stumpfstoß
③	Nahtart	Kehlnaht
④	Nahtart	V-Naht
⑤	Schweißverfahren	311 = Gasschmelzschweißen mit Sauerstoff-Acetylen-Flamme
⑥	Schweißstab	Stab für Stähle S 235, Schweißstabklasse IV
⑦	Nachbehandlung	Spannungsarm geglüht zum Abbau von Spannungen im Gefüge

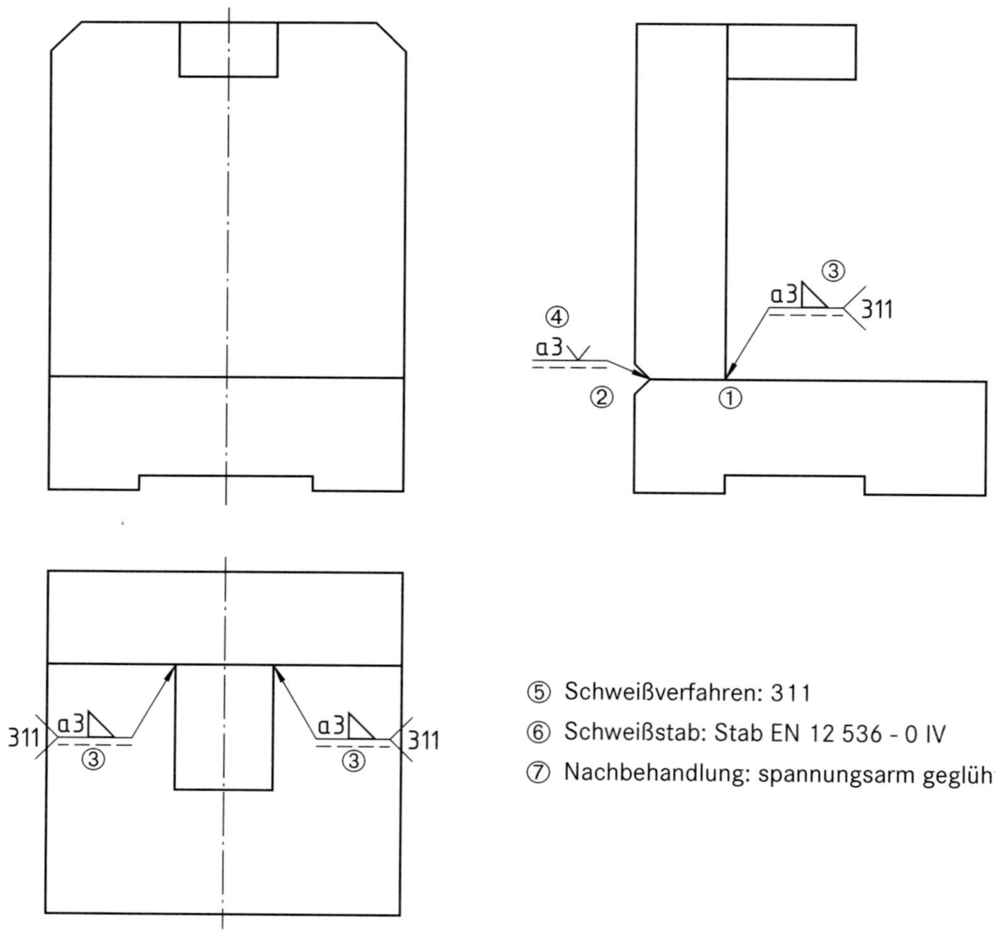

⑤ Schweißverfahren: 311
⑥ Schweißstab: Stab EN 12 536 - 0 IV
⑦ Nachbehandlung: spannungsarm geglüht

Name	Klasse	Datum

3. Der Grundkörper der Bohrvorrichtung soll durch Gasschmelzschweißen hergestellt werden.
Nennen Sie die hierzu notwendigen Aggregate und deren Funktion.

Aggregat	Funktion
Sauerstoffflasche	Speicherung des Sauerstoffes
Acetylenflasche	Speicherung des Brenngases Acetylen
Druckminderer	Reduzierung des hohen Flaschendruckes auf den zulässigen Arbeitsdruck
Manometer	Anzeigen der Flaschen- und Arbeitsdrücke
Sicherheitsvorlage	Unterbrechung der Gaszufuhr bei Flammenrückschlag oder Gasrücktritt
Sauerstoffschlauch, blau	Leiten der Gase vom Druckminderer zum Brenner
Brenngasschlauch, rot	Leiten der Gase vom Druckminderer zum Brenner
Schweißbrenner	Mischen von Acetylen und Sauerstoff

4. Sie wollen den Schweißbrenner zünden. Beschreiben und begründen Sie, welches Ventil Sie zuerst öffnen.

Sauerstoff strömt mit hoher Geschwindigkeit durch die Druckdüse des Schweißbrenners. Das mit niedrigem Druck herangeführte Acetylen wird mitgerissen und im Mischrohr gemischt.

Um eine ausreichende Saugwirkung sicherzustellen, muss beim Zünden zuerst das Sauerstoffventil geöffnet werden.

5. Die Schweißarbeiten sind mit einer neutralen Flamme auszuführen. Beschreiben Sie die Auswirkungen dieser Einstellung.

Das Brenngas wird vollständig verbrannt. Kohlenstoff und Sauerstoff gelangen nicht in die Schweißnaht.

Festigkeit und Zähigkeit der Schweißnaht werden dadurch nicht vermindert.

6. Nennen und beschreiben Sie die anzuwendende Schweißrichtung, mit der Sie die Bauteile der Bohrvorrichtung schweißen.

Nachrechtsschweißen: Nachrechtsschweißen kommt bei der Verbindung von Werkstücken mit einer Dicke von > 3 mm zur Anwendung. Die Flamme wird dabei in Schweißrichtung dem Schweißstab vorangeführt.

Die Flamme ist auf das Schweißbad gerichtet. Bei dicken Blechen ist ein gutes Durchschweißen gewährleistet.

7. Erstellen Sie eine Plakatpräsentation zum Thema „Unfallverhütung beim Schweißen". Das Plakat soll wichtige Regeln aufzeigen und kann mit Verbots-, Gebots- und Warnzeichen ergänzt werden. Erkundigen Sie sich auch in Ihrem Ausbildungsbetrieb nach besonderen Sicherheitseinrichtungen und beziehen Sie diese in die Präsentation mit ein.

Individuelle Lösung (siehe auch Metalltechnik Grundwissen, Seite 178).

Name	Klasse	Datum

KLEBEVORRICHTUNG 4

Verwendung

In einem Betrieb werden zwei Klebevorrichtungen zum Einkleben von Gummidichtungen in einen Gehäusedeckel eingesetzt.

Die mit Kleber eingestrichenen Gehäusedeckel und die Dichtungen werden von Hand in die Vorrichtung eingelegt. Die zu verklebenden Teile werden anschließend durch einen Druckluftzylinder aufeinander gepresst und verklebt.

Eine der beiden Klebevorrichtungen wird in einer explosionsgefährdeten Umgebung betrieben.

Gesamtauftrag

Die Steuerungen der Klebevorrichtungen sollen aufgebaut und in Betrieb genommen werden. Dabei soll folgender Steuerungsablauf realisiert werden:

Nach Betätigen der beiden Starttaster soll die Kolbenstange des doppeltwirkenden Zylinders in ca. zwei Sekunden ausfahren. Hat die Kolbenstange die Endlage erreicht, müssen die zu verklebenden Teile 10 Sekunden aufeinander gepresst werden. Nach Ablauf der Presszeit soll der Kolben selbstständig in die Ausgangslage endlagengedämpft einfahren.

Die Klebevorrichtung, die in explosionsgefährdeter Umgebung eingesetzt wird, ist mit einer pneumatischen Steuerung zu betreiben. Die zweite Vorrichtung soll eine elektrische Steuerung mit Relais erhalten.

Arbeitsaufträge

4.1 Analysieren der pneumatischen Steuerung

4.2 Aufbauen und in Betrieb nehmen der pneumatischen Steuerung

4.3 Analysieren der elektrischen Steuerung

4.4 Aufbauen und in Betrieb nehmen der elektrischen Steuerung

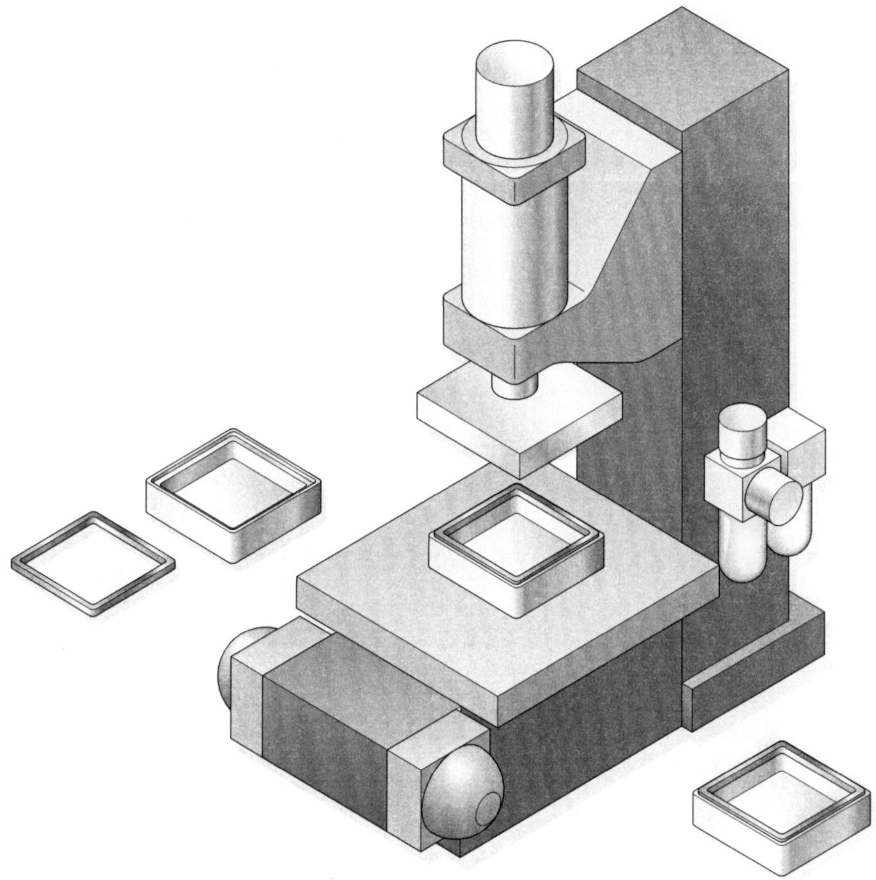

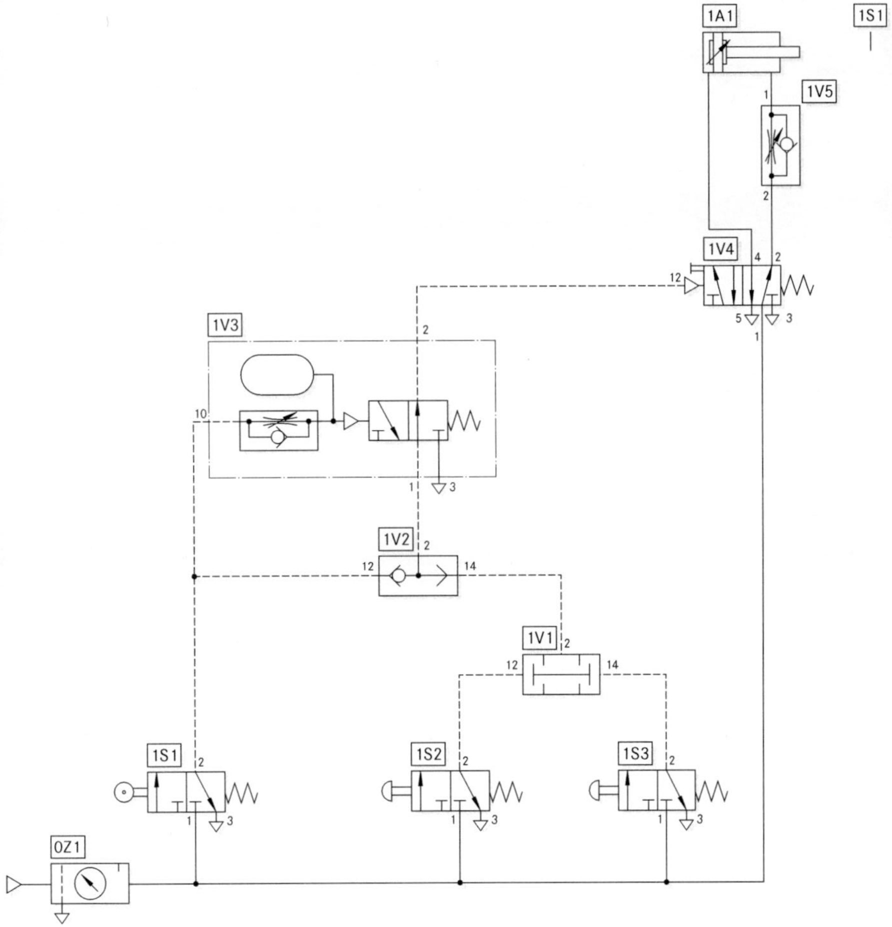

4,8 bar Arbeitsdruck

					Datum	Name
				Bearb.	10.01.05	Kaese
				Gepr.		
				Norm		
				Abt.		
Zust.	Änderung	Datum	Name	Ursprung		

westermann

Pneumatischer Schaltplan
Klebevorrichtung

Blatt

Bl.

Ersatz für :

Ersetzt durch :

Pneumatikplan

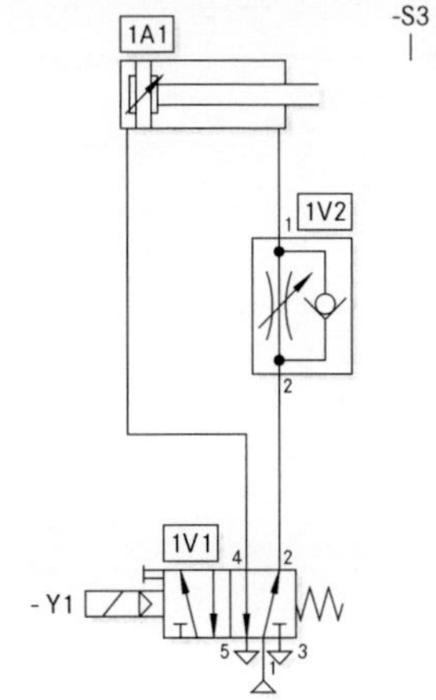

Schaltplan

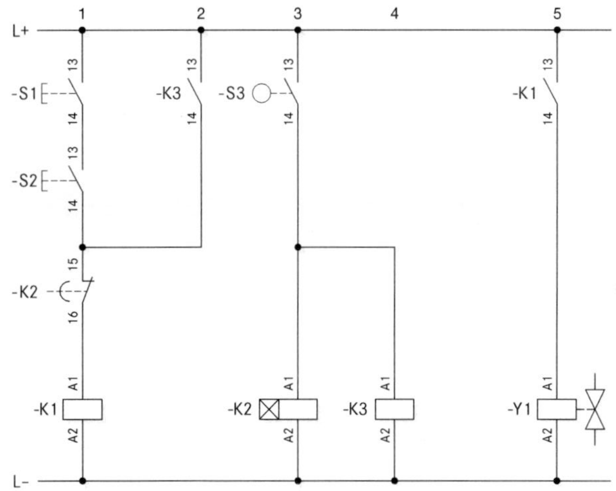

Kontakte	Pfad
13 - 14	5

Kontakte	Pfad
15 - 16	1

Kontakte	Pfad
13 - 14	2

Betriebsspannung 24 V DC
Absicherung 10 A
Arbeitsdruck 4,8 bar

					Datum	Name
				Bearb.	10.01.05	Kaese
				Gepr.		
				Norm		
				Abt.		
Zust.	Änderung	Datum	Name	Ursprung		

westermann

Elektropneumatischer Schaltplan
Klebevorrichtung

Blatt

Bl.

Ersatz für :

Ersetzt durch :

4.1 Analysieren der pneumatischen Steuerung

1. Stellen Sie fest, welche Bauglieder in der pneumatischen Schaltung eingebaut sind. Geben Sie die vollständige Benennung der Bauglieder und deren Funktion an.

Schaltzeichen	Benennung der Bauglieder	Funktion der Bauglieder
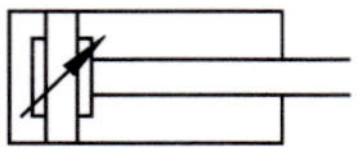	doppelt wirkender Zylinder mit einseitiger Kolbenstange und beidseitiger Endlagendämpfung	Arbeitsglied, setzt die Druckenergie in Arbeit um
	Drosselrückschlagventil, verstellbar	Druckluftstrom wird in einer Richtung nur gedrosselt durchgelassen
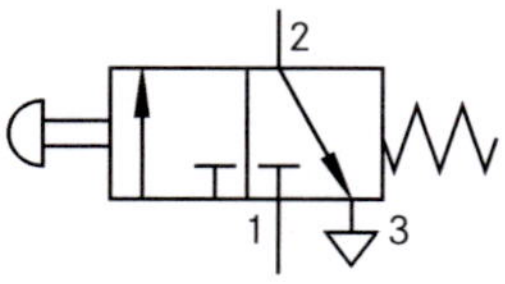	3/2-Wegeventil mit Handbetätigung und Federrückstellung Sperr-Ruhestellung	Signal von außen aufnehmen und solange weitergegeben, wie das Ventil betätigt ist
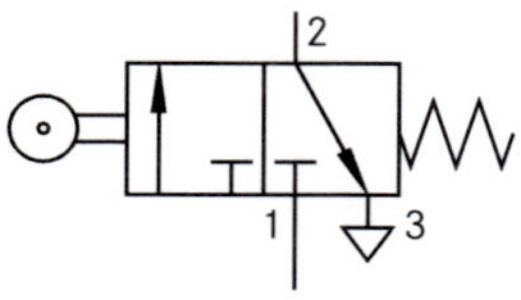	3/2-Wegeventil mit Rollenbetätigung und Federrückstellung Sperr-Ruhestellung	Signal aus der Anlage aufnehmen und solange weitergegeben, wie das Ventil betätigt ist
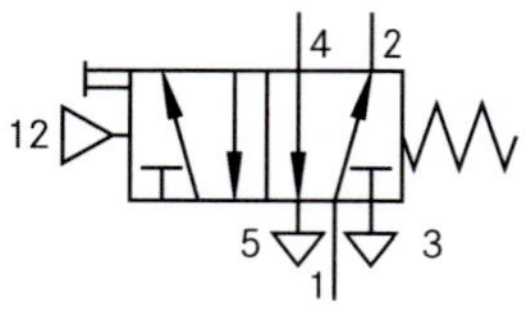	5/2-Wegeventil als Umschaltventil mit Druckbetätigung und Federrückstellung und Handhilfsbetätigung	Druckluftwege sperren und öffnen
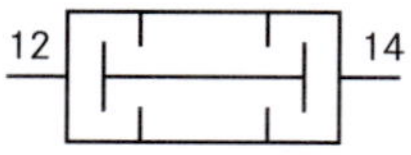	Zweidruckventil	Signalverknüpfung UND-Funktion
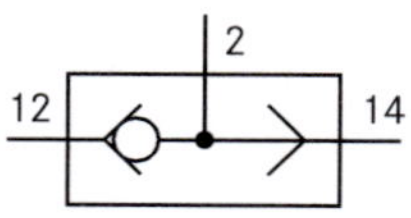	Wechselventil	Signalverknüpfung ODER-Funktion
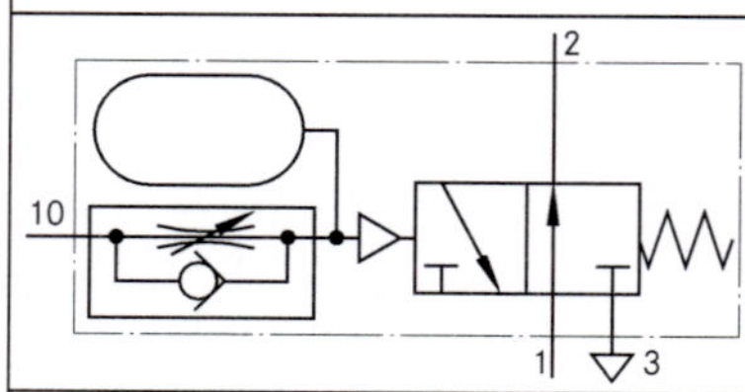	Zeitverzögerungsventil mit Durchflussruhestellung	Druckluftweg zeitverzögert schließen
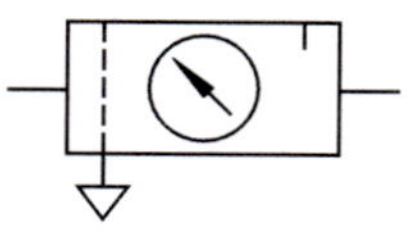	Aufbereitungseinheit mit Druckluftfilter, Druckreduzierventil, Überdruckmessgerät und Drucklufttöler	Arbeitsdruck einstellen und regeln, Druckluft reinigen, Öl zumischen

Name Klasse Datum

2. Beschreiben Sie stichwortartig den Steuerungsablauf für die Klebevorrichtung anhand des pneumatischen Schaltplanes.

- Durch Betätigung der Ventile 1S2 und 1S3 strömt Druckluft über das Zweidruckventil 1V1, das Wechselventil 1V2 und das Zeitverzögerungsventil 1V3 zum Steueranschluss 12 am Umschaltventil 1V4. Das Ventil 1V4 schaltet um und Druckluft strömt über die Arbeitsleitung 4 zum Zylinder 1A1. Die Kolbenstange des Zylinders fährt abluftgedrosselt aus.

- Die Kolbenstange des Zylinders betätigt in der Endlage das Ventil 1S1. Druckluft strömt über das Wechselventil 1V2 und das Zeitverzögerungsventil 1V3 zum Steueranschluss 12 am Ventil 1V4. Das Ventil 1V4 bleibt auch umgeschaltet, wenn die beiden Ventile 1S2 und 1S3 nicht mehr betätigt werden.

- Über das betätigte Ventil 1S1 strömt die Druckluft auch zum Steuerleitungsanschluss 10 des Zeitverzögerungsventils 1V3. Die Druckluft schließt zeitverzögert das 3/2-Wegeventil im Zeitverzögerungsventil und sperrt die Druckluftzufuhr zum Steuerleitungsanschluss 12 des Umschaltventils 1V4. Das Ventil schaltet zurück in Ausgangsstellung und Druckluft strömt über die Arbeitsleitung 2 zum Zylinder 1A1. Die Kolbenstange des Zylinders fährt in die Ausgangsstellung.

3. Stellen Sie die Arbeitsschritte des Zylinders 1A1 sowie die Schaltzustände des Stellgliedes 1V4 im Zustandsdiagramm dar. Zeichnen Sie auch die Signallinien ein.

Zustandsdiagramm

Bauglieder		
Benennung	Kennz.	Zustand
doppelt wirkender Zylinder	1A1	ausgefahren eingefahren
5/2-Wegeventil	1V4	betätigt unbetätigt

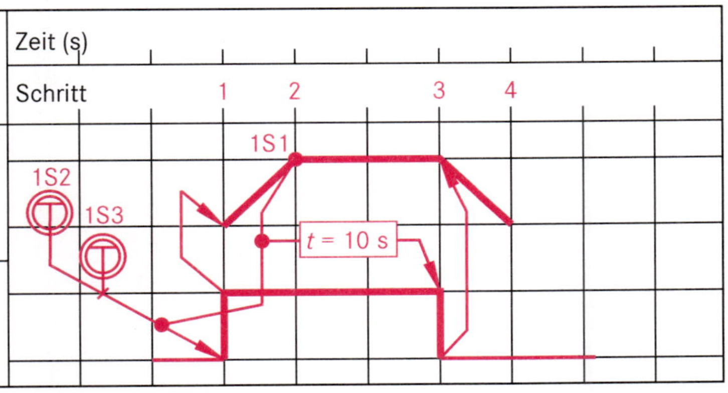

Name	Klasse	Datum

4.1 Analysieren der pneumatischen Steuerung

4. Untersuchen Sie die Startbedingungen der Klebevorrichtung.
   a) Geben Sie die Anzahl und die Art der Ein- und Ausgänge sowie die Art der Signalverarbeitung im Steuerteil der Anlage an.
   b) Stellen Sie auch die Signalverarbeitung im Funktionsplan dar.

a) Eingänge: E1 = handbetätigtes Wegeventil 1S2
E2 = handbetätigtes Wegeventil 1S3
E3 = rollenbetätigtes Wegeventil 1S1

Ausgang: A = 5/2- Wegeventil 1V4

Verarbeitung:
- UND-Verknüpfung durch das Zweidruckventil 1V1
- ODER-Verknüpfung durch das Wechselventil 1V2
- UND-Verknüpfung durch das nachgeschaltete 3/2-Wegeventil im Zeitverzögerungsventil
- NICHT-Verküpfung durch das nachgeschaltete 3/2-Wegeventil mit Durchflussruhestellung
- Zeitfunktion durch das Drosselrückschlagventil mit nachgeordnetem Speicher im Zeitverzögerungsventil

b) Funktionsplan

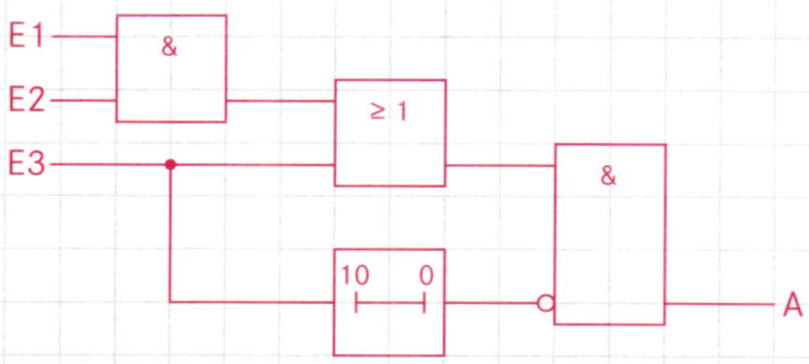

5. Erläutern Sie, weshalb in die Steuerung ein 5/2-Wegeventil mit Federrückstellung als Stellglied eingebaut werden soll und nicht ein 5/2-Wegeventil mit beidseitiger Druckluftbetätigung.

Durch das 5/2-Wegeventil mit Federrückstellung soll sichergestellt werden, dass die beiden Ventile 1S2 und 1S3 betätigt sein müssen, solange der Zylinderkolben ausfährt. Der Bediener kann dann nicht mit den Händen in die Vorrichtung greifen und sich verletzen.

6. Halten Sie die Bedienung der Klebevorrichtung für sicher? Machen Sie einen Verbesserungsvorschlag.

Die Zweihandbedienung der Klebevorrichtung ist nicht sicher. Der Bediener kann beim Starten der Vorrichtung eines der manuell zu betätigenden Ventile manipulieren, z.B. durch Überkleben mit einem Klebeband. Er muss dann zum Starten nur noch das andere Ventil betätigen. Dadurch kann er in die Vorrichtung greifen, wenn der Zylinderkolben ausfährt und sich verletzen.

Sicher wird die Bedienung der Klebevorrichtung, wenn eine Zweihand-Sicherheitsschaltung eingebaut wird.

Name	Klasse	Datum

7. Die zu verklebenden Werkstücke sollen mit einer Kraft von 800 N aufeinander gepresst werden. In die Vorrichtung ist ein doppelt wirkender Zylinder Ø 50/20 x 100 eingebaut. Welcher Arbeitsdruck muss für die Anlage eingestellt werden, wenn der Wirkungsgrad des Zylinders 85 % beträgt?

Geg.: $D = 50$ mm
$F = 800$ N
$\eta = 0{,}85$

Ges.: p in bar

Rechnung: $F = p \cdot A \cdot \eta$

$$p = \frac{F}{A \cdot \eta}$$

$$A = \frac{D^2 \cdot \pi}{4}$$

$$A = \frac{5^2\ \text{cm}^2 \cdot \pi}{4} = 19{,}63\ \text{cm}^2$$

$$p = \frac{800\ \text{N}}{19{,}63\ \text{cm}^2 \cdot 0{,}85} = 48\ \frac{\text{N}}{\text{cm}^2}$$

$p = 4{,}8$ bar

Name Klasse Datum

4.2 Aufbauen und in Betrieb nehmen der pneumatischen Steuerung

1. Die Anschlüsse der Bauglieder sind mit Zahlen gekennzeichnet. Geben Sie an, wie die Leitungen anzuschließen sind.

Anschlussbezeichnung	Leitungsart
1	Versorgungsleitungen, Druckluftnetzanschluss
2, 4	Arbeitsleitungen bzw. Ausgangsleitungen
10, 12, 14	Steuerleitungen

2. Der Arbeitsdruck in der Anlage soll 4,8 bar betragen. An welchem Bauteil der Anlage stellen Sie den Arbeitsdruck für die Vorrichtung ein?

Am Druckregelventil der Aufbereitungseinheit wird der Arbeitsdruck eingestellt. Der eingestellte Druck kann am Überdruckmessgerät der Aufbereitungseinheit abgelesen werden.

3. Die Ausfahrzeit des Zylinderkolbens und die Presszeit des Kolbens müssen eingestellt werden. Wie nehmen Sie die Einstellungen vor?

Die Ausfahrzeit des Zylinderkolbens wird über die Stellschraube am Drosselrückschlagventil 1V5 eingestellt.

Durch Betätigen der Handhilfsbetätigung des Ventils 1V4 lässt man den Kolben des Zylinders 1A1 ausfahren und stoppt die Ausfahrzeit. Ist die Ausfahrzeit richtig eingestellt, wird die Stellung der Stellschraube mit der Kontermutter gesichert.

Die Presszeit wird über die Stellschraube am Zeitverzögerungsventil 1V3 eingestellt.

Die Anlage wird über die Ventile 1S2 und 1S3 gestartet. Nachdem der Zylinderkolben ausgefahren ist, wird die Zeit bis er wieder einfährt gemessen. Beträgt die Zeit 10 Sekunden, wird die Stellung der Stellschraube gesichert.

4. Welche Einstellungen nehmen Sie vor, damit der Zylinder gedämpft in seine Endlage einfährt?

Die Endlagendämpfung wird am Zylinder durch Einstellen des Drosselspaltes der im Zylinder eingebauten Drossel vorgenommen.

Name	Klasse	Datum

5. Beim Anschluss des Drosselrückschlagventils wurden die beiden Anschlüsse verwechselt. Der Anschluss 1 des Drosselrückschlagventils wurde mit dem Anschluss 2 des Stellgliedes verbunden.
   Welchen Fehler stellen Sie im Steuerungsablauf fest?

   Der Kolben des Zylinders fährt ungedrosselt aus. Die Ausfahrzeit lässt sich nicht einstellen.

   Stattdessen fährt die Kolbenstange nun zuluftgedrosselt ein.

6. Das Rollenhebelventil 1S1 wurde fehlerhaft eingebaut. Es wird beim Ausfahren des Kolbens kurz betätigt, bevor das Zusammenpressen der Teile erfolgt. Welchen Fehler stellen Sie im Steuerungsablauf fest?

   Nachdem die beiden Ventile 1S2 und 1S3 nicht mehr betätigt werden, fährt der Kolben soweit wieder ein, bis er die Rolle des Ventils 1S1 wieder betätigt. Dadurch wird das 5/2-Wegeventil 1V4 wieder umgeschaltet und der Zylinder fährt wieder aus, bis er nicht mehr die Rolle des Ventils 1S1 betätigt. Der Zylinder fährt um seine vordere Endlage permanent kurz ein und aus.

7. Bauen Sie die Steuerung im Steuerungslabor beispielhaft auf und nehmen Sie alle notwendigen Einstellungen für die Inbetriebnahme vor. Dokumentieren Sie die Maßnahmen in einem Abnahmeprotokoll.

Abnahmeprotokoll	
Maßnahme	**Einstellwert**
Arbeitsdruck an der Aufbereitungseinheit einstellen	4,8 bar
Ausfahrzeit des Kolbens am Drosselrückschlagventil einstellen	2 s
Presszeit am Zeitverzögerungsventil einstellen	10 s
Endlagendämpfung beim Einfahren der Kolbenstange einstellen	Drosseleinstellung o.k

8. Die Aufbereitungseinheit muss während des Betriebes der Klebevorrichtung regelmäßig gewartet werden. Geben Sie die dabei durchzuführenden Maßnahmen an.

   - Kondenswasserstand am Druckfilter kontrollieren, evtl. Kondenswasser ablassen,
   - Ölstand am Druckluftöler kontrollieren, evtl. Öl auffüllen,
   - vorgeschriebenen Arbeitsdruck der Anlage überprüfen und falls notwendig einstellen.

Name	Klasse	Datum

4.3 Analysieren der elektrischen Steuerung

1. Stellen Sie fest, welche Betriebsmittel in der elektrischen Steuerung eingebaut sind. Geben Sie die vollständige Benennung der Betriebsmittel und deren Funktion an.

Schaltzeichen	Benennung	Funktion
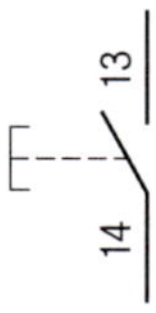	handbetätigter Tastschalter mit Schließerkontakt	Strompfad schließen, solange Signal von außen wirkt
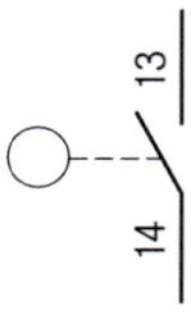	rollenbetätigter Grenztaster mit Schließerkontakt	Strompfad schließen, solange Signal aus der Anlage wirksam ist
	Schließerkontakt eines Relais	Strompfad schließen, solange Magnetspule stromdurchflossen
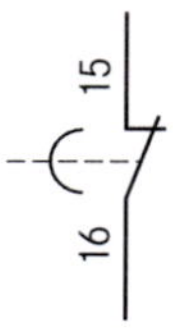	Öffnerkontakt eines zeitverzögerten Öffners	Strompfad zeitverzögert unterbrechen, solange Magnet-spule stromdurchflossen ist
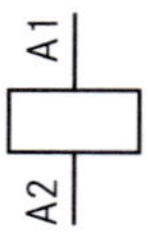	Magnetspule eines Relais	Schaltkontakte schalten, wenn Spannung an der Spule anliegt
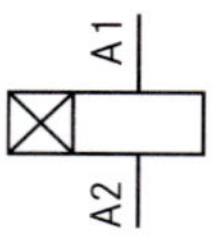	Magnetspule eines Zeitrelais mit Anzugsverzögerung	Schaltkontakte zeitverzögert schalten, wenn Spannung an der Spule anliegt
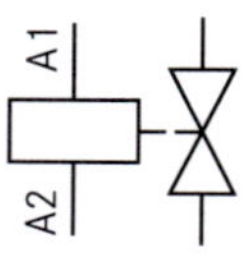	elektromagnetisch betätigtes Ventil	Ventil umschalten, wenn Spannung an der Magnetspule anliegt
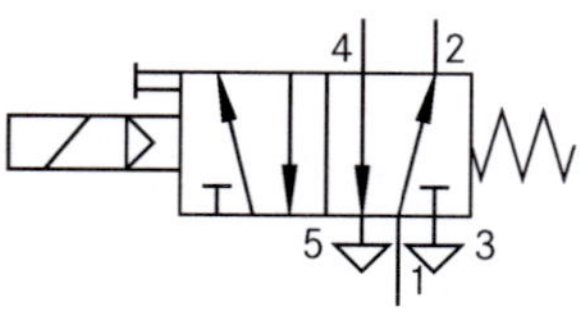	elektromagnetisch betätigtes 5/2-Wegeventil mit Vorsteuerventil und Handhilfsbetätigung	Druckluftwege öffnen und schließen

Name | Klasse | Datum

2. Beschreiben Sie stichwortartig den Steuerungsablauf für die Klebevorrichtung anhand des elektropneumatischen Schaltplanes.

- Durch Betätigen der Tastschalter S1 und S2 wird der Strompfad 1 geschlossen, das Relais K1 zieht an. Der Schaltkontakt K1 schließt den Strompfad 5, die Magnetspule Y1 zieht an. Das Ventil 1V1 schaltet um und Druckluft strömt über die Arbeitsleitung 4 zum Zylinder 1A1. Die Kolbenstange des Zylinders fährt abluftgedrosselt aus.
- Die Kolbenstange des Zylinders betätigt in der Endlage den Grenztaster S3. Der Strompfad 3 und der Strompfad 4 sind geschlossen. Das Relais K3 zieht an und schließt den Strompfad 2. An dem Relais K1 liegt weiterhin Spannung an, auch wenn die beiden Tastschalter S1 und S2 nicht mehr betätigt werden.
- Das Zeitrelais K2 im Strompfad 3 zieht zeitverzögert an und öffnet den Öffnerkontakt K3 im Strompfad 1. Das Relais K1 fällt ab, der Schaltkontakt K1 unterbricht den Strompfad 5. Die Magnetspule Y1 wird stromlos. Das Ventil 1V1 schaltet zurück in die Ausgangsstellung und Druckluft strömt über die Arbeitsleitung 2 zum Zylinder 1A1. Die Kolbenstange des Zylinders fährt in die Ausgangsstellung.

3. Untersuchen Sie die Startbedingungen der Klebevorrichtung.
   a) Geben Sie die Anzahl und die Art der Ein- und Ausgänge sowie die Art der Signalverarbeitung in der elektrischen Schaltung an.
   b) Stellen Sie die Signalverarbeitung im Funktionsplan dar.

a) Eingänge: E1 = Tastschalter S1
E2 = Tastschalter S2
E3 = Grenztaster S3

Ausgang: A = Magnetventil Y1

Verarbeitung:
- UND-Verknüpfung durch die in Reihe geschalteten Tastschalter S1 und S2
- ODER-Verknüpfung durch den parallel geschalteten Schließerkontakt K3
- UND-Verknüpfung durch den in Reihe geschalteten Öffnerkontakt K2
- NICHT-Verknüpfung durch den Öffnerkontakt K2
- Zeitfunktion durch das Zeitrelais K2

b) Funktionsplan

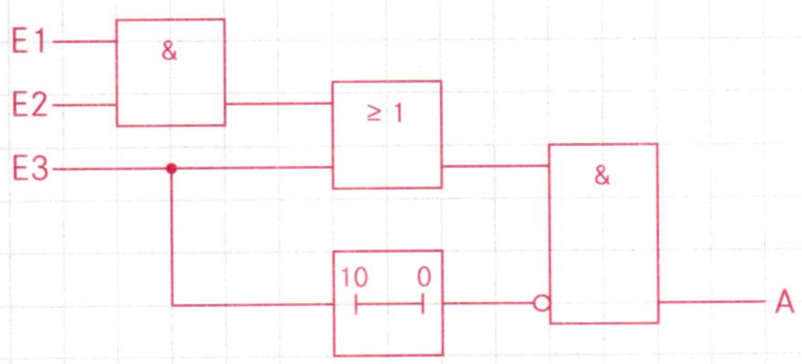

Name | Klasse | Datum

4.4 Aufbauen und in Betrieb nehmen der elektrischen Steuerung

1. Die Ausfahrzeit des Zylinderkolbens und die Presszeit des Kolbens müssen eingestellt werden. Welche Einstellungen nehmen Sie im elektrischen Schaltungsteil vor?

Die Presszeit des Kolbens wird in der elektrischen Schaltung am Zeitrelais vorgenommen.

2. Bei der Inbetriebnahme der Klebevorrichtung stellen Sie fest, dass der Zylinderkolben ordnungsgemäß ausfährt aber nicht mehr selbsttätig einfährt. Geben Sie mögliche Fehlerursachen in der elektrischen Schaltung dafür an.

- Die Verbindungsleitung zum Zeitrelais K2 hat Drahtbruch.
- Das Zeitrelais K2 ist defekt.
- Der Schließerkontakt des Relais K1 öffnet nicht.

3. Durch eine Spannungsprüfung soll die Funktionsfähigkeit der Magnetspule des Zeitrelais überprüft werden. Geben Sie an, wie die Prüfung durchzuführen ist.

Die Spannungsprüfung erfolgt an der eingeschalteten Anlage. Dabei wird das Messgerät parallel zur Magnetspule des Relais angeschlossen. Zeigt das Messgerät eine Spannung von etwa 24 V an, ist die Magnetspule in Ordnung.

4. Stellen Sie fest, ob die elektrische Schaltung an ein Netzgerät mit den Daten 24 V und 5 A angeschlossen werden kann.
   Nach Herstellerangaben beträgt die Leistungsaufnahme für die Relais je 10 W und für das Magnetventil 15 W. Vergleichen Sie dazu
   a) die Gesamtstromstärke, die zur Versorgung der Schaltung notwendig ist, mit der maximalen Stromstärke des Netzteils.
   b) die Leistungsaufnahme durch Relais und Magnetventil mit der Leistung des Netzteils.

Geg.: Parallelschaltung $U = 24$ V
Netzteil $I = 5$ A
Relais $P_R = 10$ W
Magnetventil $P_M = 15$ W

Ges.: a) I_{ges} in A
b) P_{ges} in W

Rechnung:
a) $P = U \cdot I \qquad I = \frac{P}{U}$

Relais:

$$I_R = \frac{10 \text{ W}}{24 \text{ V}} = 0{,}417 \text{ A}$$

Magnetventil:

$$I_M = \frac{15 \text{ W}}{24 \text{ V}} = 0{,}625 \text{ A}$$

$I_{ges} = 3 \cdot I_R + I_M$
$I_{ges} = 3 \cdot 0{,}417 \text{ A} + 0{,}625 \text{ A} = 1{,}876 \text{ A} < 5 \text{ A}$

b) $P = U \cdot I$
Netzgerät: $P = 24 \text{ V} \cdot 5 \text{ A} = 120 \text{ W}$
Schaltung: $P_{ges} = U \cdot I_{ges} = 24 \text{ V} \cdot 1{,}876 \text{ A} = 45 \text{ W} < 120 \text{ W}$
oder $P_{ges} = 3 \cdot P_R + P_M = 3 \cdot 10 \text{ W} + 15 \text{ W} = 45 \text{ W}$

Name Klasse Datum

5 DREHMASCHINE

Gesamtauftrag

Die abgebildete Drehmaschine soll fachgerecht und fristgerecht gewartet werden. Dazu stehen als Unterlagen der Schmierplan und die Schmieranweisung zur Verfügung. Sie sind Bestandteil der vom Hersteller mitgelieferten Betriebsanweisung und sind einzuhalten.

Zweck

Durch die Wartung sollen Störungen an der Drehmaschine vermieden, die Nutzungsdauer der Maschine verlängert, die Arbeitssicherheit gewährleistet sowie fehlerhafte Produkte und ein Verlust der Gewährleistung vermieden werden.

Arbeitsaufträge

Beim Warten der Drehmaschine sind folgende Maßnahmen durchzuführen:

5.1 Beachten und Anwenden sicherheitstechnischer Maßnahmen

5.2 Auswerten des Schmierplanes

5.3 Warten der Drehmaschine

5.4 Pflege von Kühlschmierstoffen

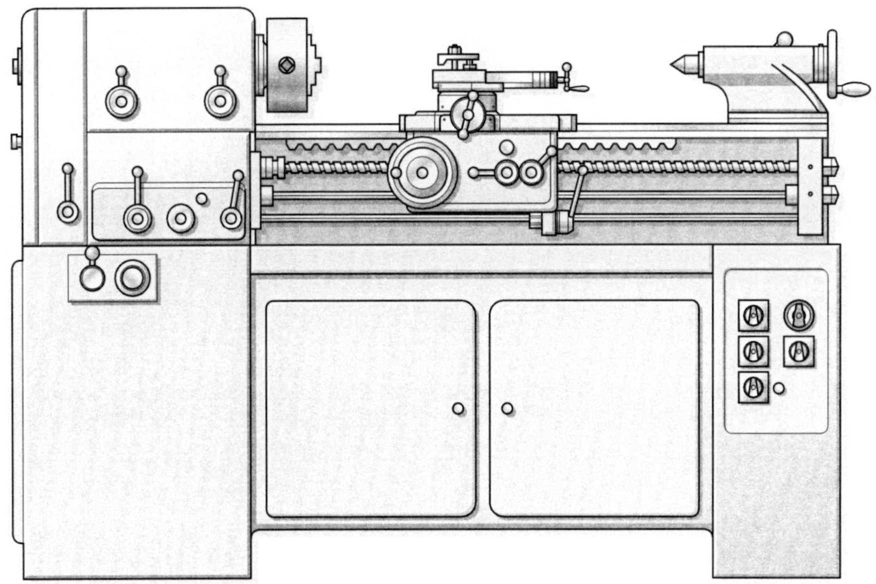

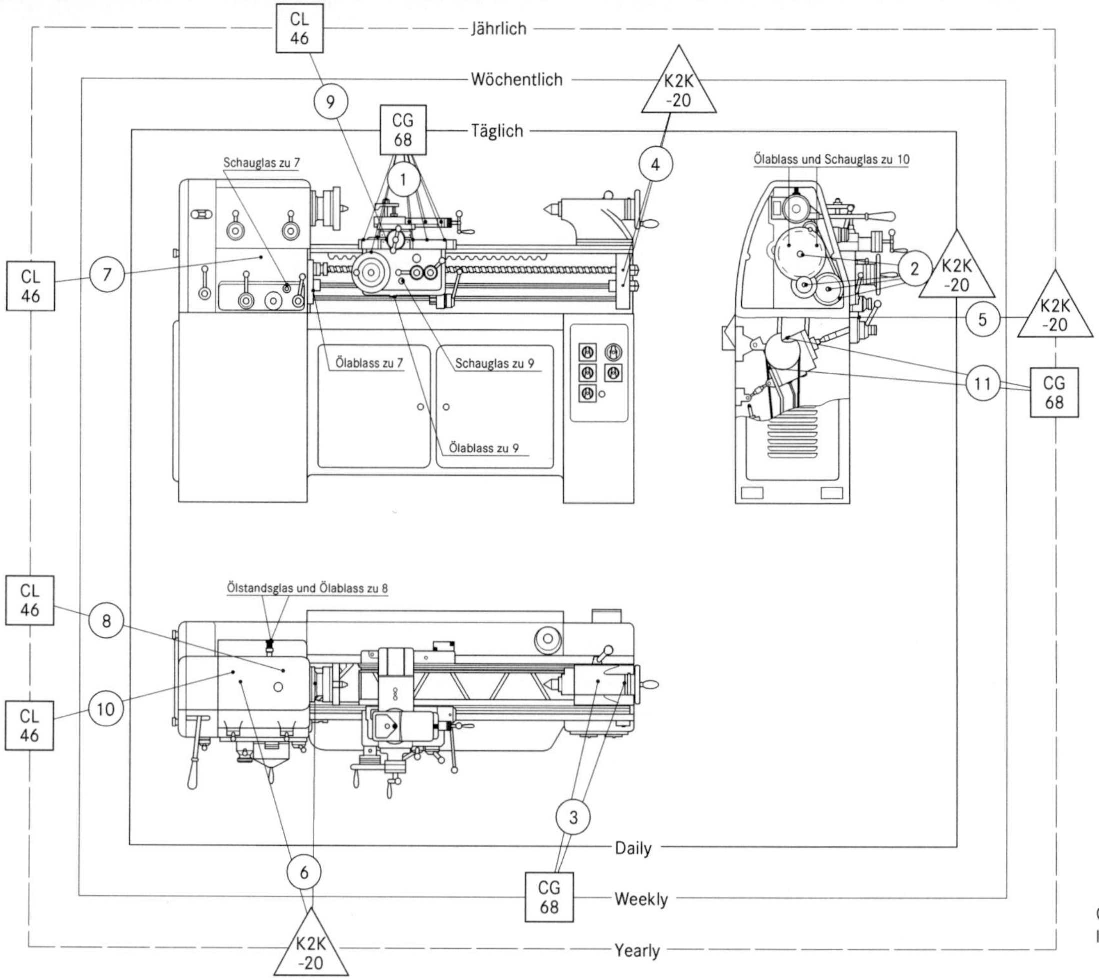

Ölstand an den Schaugläsern
laufend überwachen

Schmieranweisung

Schmierstelle	Baugruppe	Schmiervorschrift
1	Werkzeug-, Plan- und Oberschlitten	3 bis 4 Hübe mit Ölpresse
2	Wechselräder	3 bis 4 Hübe mit Fettpresse
3	Reitstock	3 bis 4 Hübe mit Ölpresse
4	Zug- und Leitspindellagerung	3 bis 4 Hübe mit Fettpresse
5	Schalthebel für Drehzahlen und Vorschübe	3 bis 4 Hübe mit Fettpresse
6	Lagerung der Hauptspindel	3 bis 4 Hübe mit Fettpresse
7	Vorschubgetriebe	Öl wechseln, Mitte Ölschauglas
8	Spindelstock	Öl wechseln, Mitte Ölschauglas
9	Schlosskastengetriebe	Öl wechseln, Mitte Ölschauglas
10	Spindelantrieb zum Wechselrädergetriebe	Öl wechseln, Mitte Ölschauglas
11	Hauptgetriebe	Öl wechseln, 0,5 Liter

Beachten und Anwenden sicherheitstechnischer Maßnahmen

1. Die Drehmaschine soll gewartet werden. Welche Sicherheitsmaßnahmen sind vor Beginn der Wartungsarbeiten durchzuführen?

Der Maschinen-Hauptschalter muss ausgeschaltet und gegen ein unbeabsichtigtes Wiedereinschalten gesichert sein. Das erfolgt durch das Anbringen eines Hinweisschildes und eines Vorhängeschlosses am Hauptschalter der Maschine.

2. Bei der Wartung der Drehmaschine ist auf die Gefahr durch elektrischen Strom zu achten. Dazu gehört auch die Inspektion der elektrischen Anlagenteile der Drehmaschine. Beschreiben Sie, welche Teile Sie einer Sichtprüfung unterziehen und worauf dabei zu achten ist.

- Beschädigung und gelockerte Befestigung der Anschlussleitungen zu den Motoren und zu der Beleuchtung,
- Beschädigung der elektrischen Schalter.

3. Berührt eine Person eine Drehmaschine bei der der Motor aufgrund eines Isolationsfehlers unter Spannung steht, so fließt durch sie ein Körperstrom I_K. Die Größe des Stromes ist abhängig von dem elektrischen Körperwiderstand R_K der Person (siehe Tabelle) und dem Übergangswiderstand $R_Ü$ zwischen dem Gerät und der Person sowie dem Standort.

Elektrische Körperwiderstände R_K	
Bei 230 V Wechselstrom mit 50 Hz ergibt sich ein elektrischer Widerstand von etwa:	
Hand – Hand oder Hand – Fuß	1000 Ω
Hand – Füße	750 Ω
Hände – Füße	500 Ω
Hand – Rumpf	500 Ω
Hände – Rumpf	250 Ω
Bei 50 Volt verdoppeln sich die Werte in etwa	

a) Beschreiben Sie die Einflüsse, von denen der elektrische Körperwiderstand R_K des Menschen abhängt.

- Je länger der Weg des Stromes durch den menschlichen Köper und je weniger Kontaktstellen, um so größer ist der Körperwiderstand,
- je größer die Berührungsspannung, um so kleiner der Körperwiderstand.

b) Beschreiben Sie drei Einflüsse, die den Übergangswiderstand $R_Ü$ herabsetzen.

- Handschweiß und verschwitzte Kleidung
- Arbeiten im Freien bei Regen, feuchte Kleidung, Arbeiten in Feuchträumen,
- Stehen auf Metallteilen wie Metallleitern oder Berühren von Metallteilen wie Wasserleitungen oder Werkzeugmaschinen.

c) Nennen Sie zwei Beispiele für Arbeitskleidung, die den Übergangswiderstand vergrößert.

Arbeitsschuhe mit Gummisohlen, Lederschürze und Lederhandschuhe beim Schweißen.

Name	Klasse	Datum

5.1 Beachten und Anwenden sicherheitstechnischer Maßnahmen

4. a) Berechnen Sie die Stromstärke, die durch den menschlichen Körper fließt, wenn ein Motor unter 230 V Spannung mit der Hand berührt wird, die Durchströmung über beide Füße erfolgt und der Übergangswiderstand 1000 Ω beträgt.
   b) Beschreiben Sie die Art der Gefährdung bei einer Durchströmungszeit von 0,5 s.

a) geg.: $U = 230\ \text{V}$ ges.: I_K in mA

$R = R_K + R_Ü = 1750\ \Omega$

Lösung: $I_K = \frac{U}{R}$

$I_K = \frac{230\ \text{V}}{1750\ \Omega} = 0{,}121\ \text{A}$

$I_K = 121\ \text{mA}$

b) Es tritt Herzstillstand ein.

5. Beschreiben Sie die Erst-Maßnahmen bei Unfällen durch elektrischen Strom.

1. Strom sofort unterbrechen.
2. Verunglückten aus dem Gefahrenbereich bringen.
3. Arzt oder Rettungsdienst rufen.
4. Bei Atemstillstand sofort künstlich beatmen.
5. Bei Kreislaufstillstand mit Herzmassage beginnen.
6. Liegt kein Atem- oder Herzstillstand vor, Verunglückten in stabile Seitenlage bringen.

6. Auf dem Typenschild des Elektromotors einer Drehmaschine befindet sich folgendes Zeichen. Beschreiben Sie die Bedeutung des Zeichens.

Der Elektromotor besitzt die Schutzklasse I.

Das Metallgehäuse des Motors ist durch einen Schutzleiter geerdet.

7. Bei Arbeiten in Metallbehältern ist eine Schutzkleinspannung von höchstens 50 V Wechselspannung vorgeschrieben.
   a) Berechnen Sie die Stromstärke, die durch den menschlichen Körper fließt, wenn ein leitender Gegenstand mit der Hand berührt wird, die Durchströmung über beide Füße erfolgt und der Übergangswiderstand 1000 Ω beträgt.
   b) Beschreiben Sie die Art der Gefährdung bei einer Durchströmungszeit von 0,5 s.

a) geg.: $U = 50\ \text{V}$ ges.: I_K in mA

$R = R_K + R_Ü = 2500\ \Omega$

Lösung: $I_K = \frac{U}{R}$

$I_K = \frac{50\ \text{V}}{2500\ \Omega} = 0{,}02\ \text{A}$

$I_K = 20\ \text{mA}$

b) Der Körperstrom liegt unterhalb der Loslassschwelle.

Name	Klasse	Datum

1. Welche Informationen können dem Schmierplan der Drehmaschine entnommen werden?

- Anzahl und Lage der Schmierstellen
- einzusetzende Schmierstoffe
- Art der anzuwendenden Schmierverfahren
- Schmiermenge und Schmierhäufigkeit

2. Erläutern Sie die Bezeichnung der eingesetzten Schmierstoffe.

CG 68

Mineralöl

CG	Gleitbahnöl
68	Viskositätsklasse VG 68

CL 46

Mineralöl

C	Umlaufschmieröl
L	mit Zusätzen zur Erhöhung des Korrosionsschutzes und der Alterungsbeständigkeit
46	Viskositätsklasse VG 46

K2K -20

Schmierfett auf Mineralölbasis

K	Schmierfett für Wälz- und Gleitlager und Gleitflächen
2	Konsistenzkennzahl NLGI-Klasse 2
K	obere Gebrauchstemperatur +120 °C,
-20	untere Gebrauchstemperatur -20 °C

3. Im Schmierstofflager steht ein Mineralöl CG 22 zur Verfügung. Welche Veränderungen weist es gegenüber dem Öl CG 68 hinsichtlich der Eigenschaften und des Schmierverhaltens auf?

- CG 22 hat eine geringere Viskosität und ist damit dünnflüssiger,
- dünnflüssigeres Öl verteilt sich besser, es kann nicht so stark belastet werden, ohne dass der Schmierfilm abreißt.

4. Im Schmierstofflager steht ein Schmierfett K3K-20 zur Verfügung. Welche Veränderungen weist es gegenüber dem Fett K2K-20 hinsichtlich der Eigenschaften und des Schmierverhaltens auf?

- K3K-20 hat eine höhere Konsistenz und ist damit zäher und weniger weich,
- zäheres Fett kann stärker belastet werden, ohne dass der Fettfilm abreißt, es setzt allerdings den Bewegungen der Bauteile einen größeren Widerstand entgegen.

Name	Klasse	Datum

5.2 Auswerten des Schmierplanes

5. Erforderliche Wartungstätigkeiten werden in Schmierplänen häufig mit Sinnbildern angegeben.
   Ordnen Sie den Sinnbildern die Nummern aus dem Schmierplan zu.

1, 3

2, 4, 5, 6

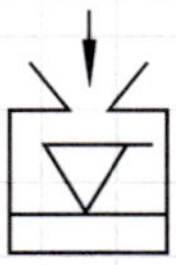

7, 8, 9, 10, 11

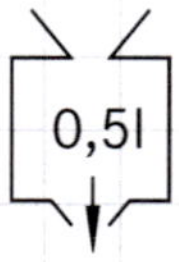

7, 8, 9, 10, 11

6. Entnehmen Sie aus dem Schmierplan der Drehmaschine die Wartungstätigkeiten und ergänzen
   Sie die Wartungsanleitung. Orden Sie dabei die Tätigkeiten nach der Häufigkeit.

Wartungsanleitung								Drehmaschine
Lfd.-Nr.	Auszuführende Arbeiten	Mess- u. Prüfgröße; Betriebsstoffe	Häufigkeit h	d	w	m	a	Bemerkungen
1	Werkzeugschlitten schmieren	Schmieröl CG68		1				mit Ölpresse
2	Wechselräder schmieren	Schmierfett K2K-20		1				mit Fettpresse
3	Reitstock schmieren	Schmieröl CG68			1			mit Ölpresse
4	Zug- und Leitspindellagerung schmieren	Schmierfett K2K-20			1			mit Fettpresse
5	Schalthebel schmieren	Schmierfett K2K-20				3		mit Fettpresse
6	Hauptspindellagerung schmieren	Schmierfett K2K-20				3		mit Fettpresse
7	Vorschubgetriebe Öl wechseln	Getriebeöl CL46					1	Mitte Ölschauglas
8	Spindelstock Öl wechseln	Getriebeöl CL46					1	Mitte Ölschauglas
9	Schlosskastengetriebe Öl wechseln	Getriebeöl CL46					1	Mitte Ölschauglas
10	Wechselrädergetriebe Öl wechseln	Getriebeöl CL46					1	Mitte Ölschauglas
11	Hauptgetriebe Öl wechseln	Getriebeöl CL46					1	0,5 Liter

7. Geben Sie an, warum Schmierstellen vor dem Schmieren zu reinigen sind.

Die Schmierstellen (z. B. Schmiernippel) sind zu säubern, damit kein Schmutz in den Schmierkreislauf gelangen kann.

8. Nennen Sie die Aufgaben, die der Schmierstoff an folgenden Stellen erfüllen soll:

Hauptgetriebe: zusammenhängenden Schmierfilm erzeugen, Abnutzung verringern, Wärme abführen, Laufgeräusche dämpfen.

Werkzeugschlitten: zusammenhängenden Schmierfilm erzeugen, Abnutzung verringern, Korrosion an den Führungen verhindern.

Name	Klasse	Datum

Warten der Drehmaschine

1. In der betrieblichen Praxis werden Wartungs- und Inspektionstätigkeiten häufig in einer gemeinsamen Wartungs- und Inspektionsanleitung zusammengefasst.
   Welche der Arbeiten bis zur laufenden Nummer 10 gehören zur Wartung und welche gehören zur Inspektion? Geben Sie dazu jeweils die laufende Nummer an.

Wartungsanleitung								Drehmaschine
Lfd.-Nr.	Auszuführende Arbeiten	Mess- u. Prüfgröße; Betriebsstoffe	Häufigkeit h	d	w	m	a	Bemerkungen
1	Sichtprüfung der Maschine auf			1				
	Beschädigungen, Leckagen u.ä.							
2	Werkzeugschlitten schmieren	Schmieröl CG68		1				mit Ölpresse
3	Ölstand der Getriebe überprüfen und			1				Mitte Ölschauglas
	falls erforderlich Öl nachfüllen							
4	Kühlmittelstand kontrollieren und falls			1				
	erforderlich Kühlschmierstoff auffüllen							
5	Späne im Arbeitsraum entfernen			1				
6	Zug- und Leitspindellagerung schmieren	Schmierfett K2K-20			1			mit Fettpresse
7	Siebe kontrollieren und bei Bedarf				1			
	reinigen							
8	Reitstock schmieren	Schmieröl CG68			1			mit Ölpresse
9	Führungsbahnenabstreifer überprüfen					1		
	und bei Bedarf erneuern							
10	Riemenspannung prüfen und gege-					1		
	benenfalls nachstellen							
21	Hauptgetriebe Öl wechseln	Getriebeöl CL46					1	0,5 Liter
22	Spiel der Führungen überprüfen und						1	
	falls erforderlich Spiel einstellen							
23	Filter erneuern						1	
29	Polycarbonat-Sichtscheibe des Sicht-						2	
	fensters erneuern							

Wartung: 2, 5, 6, 8 (3, 4, 7, 9 und 10)

Inspektion: 1, (3, 4, 7, 9 und 10)

2. Warum lassen sich einige Arbeiten nicht eindeutig zuordnen?

Bei mehreren Arbeiten sind Inspektionstätigkeiten angegeben und bei festgestellten Abweichungen die notwendigen Wartungstätigkeiten.

Name	Klasse	Datum

5.3 Warten der Drehmaschine

3. Die Wartung umfasst unterschiedliche Teilmaßnahmen.
   a) Tragen Sie die Bezeichnungen der Teilmaßnahmen in die untenstehende Tabelle ein.
   b) Ordnen Sie jeweils zwei Tätigkeiten aus der Wartungs- und Inspektionsanleitung zu.

	Wartung				
a)	Reinigen	Schmieren	Ergänzen	Auswechseln	Nachstellen
b)	Späne im Arbeitsraum entfernen	Werkzeugschlitten schmieren	Getriebeöl nachfüllen	Hauptgetriebe Öl wechseln	Spiel der Führungen einstellen
	Siebe reinigen	Reitstock schmieren	Kühlschmierstoff auffüllen	Filter erneuern	

4. In der Wartungs- und Inspektionsanleitung sind Arbeiten angegeben, die täglich erfolgen sollen. Geben Sie an, welche dieser Arbeiten zu Arbeitsbeginn und welche bei Arbeitsende auszuführen sind. Begründen Sie auch die Notwendigkeit der Arbeiten.

Arbeitsbeginn: die Tätigkeiten mit der laufenden Nummer 1 bis 4, um den funktionsfähigen Zustand der Maschine zu überprüfen (Sichtprüfung) bzw. zu erhalten (Schmieren)

Arbeitsende: das Entfernen der Späne, um den funktionsfähigen Zustand zu erhalten (Reinigen)

5. Die Bedienungsanleitung des Herstellers enthält den Hinweis, dass die Drehmaschine nicht mit Pressluft gereinigt werden darf.
   Geben Sie mögliche gesundheitliche Beeinträchtigungen für den Menschen und Folgen für die Maschine an, wenn dieser Hinweis nicht beachtet wird.

- Verletzungsgefahr durch hochgeschleuderte Späne,
- Kontakt der Haut und der Augen mit zerstäubten Kühlschmierstoff,
- Einatmen der zerstäubten Kühlschmierstoffpartikel in der Luft,
- Beschädigung von Führungen und Lager der Maschine durch eingeblasene Schmutzpartikel.

6. Welche Wartungstätigkeiten sind notwendig, um die Drehmaschine vor Korrosion zu schützen.

- Einölen aller blanken Metalloberflächen wie Führungen und Drehbankfutter,
- Ausbessern beschädigter Lackschichten,
- Einwickeln von Teilen in Ölpapier, wenn sie länger nicht eingesetzt werden.

7. Geben Sie an, zu welchen allgemeinen Korrosionsschutzmaßnahmen die in Aufgabe 6 genannten Tätigkeiten gehören.

Passiver Korrosionsschutz durch Aufbringen einer Schutzschicht.

Name | Klasse | Datum

1. Beschreiben Sie die Gesundheitsgefahren, die beim Umgang mit wassermischbaren Kühlschmierstoffen auftreten können.

   - Kühlschmierstoffe greifen den Säureschutzmantel der Haut an.
   - Kühlschmierstoffzusätze können die Haut reizen.
   - In Kühlschmierstoffen können sich Bakterien und Pilze bilden, die Hautkrankheiten auslösen.
   - In Kühlschmierstoffen können sich Nitrosamine bilden, die krebserregend sind.

2. Beschreiben Sie, wie die Pflegemaßnahmen von wassermischbaren Kühlschmierstoffen durchzuführen sind, um deren Gebrauchsfähigkeit zu erhalten und Gesundheitsgefahren gering zu halten.

   - Tägliches Prüfen des Aussehens und des Geruchs,
   - Wöchentliches Prüfen der Gebrauchskonzentration, des pH-Wertes und des Nitritgehaltes,
   - Prüfen der Belastung mit Mikroorganismen wie Pilzen und Bakterien im Labor.

3. Eine Drehmaschine wird nur selten eingesetzt. Schlagen Sie eine Maßnahme vor, durch die die Bildung von Faulgasen im Kühlschmierstoffkreislauf der Maschine verhindert werden kann. Begründen Sie Ihren Vorschlag.

   - Die Kühlmittelpumpe sollte mehrmals für eine kurze Zeit laufen, damit der Kühlschmierstoff umgewälzt wird und dadurch Sauerstoff vom Schmierstoff aufgenommen wird.
   - Faulgase entstehen durch Sauerstoffmangel in der Anlage.

4. Bei der Kontrolle des Behälters für Kühlschmierstoff stellen Sie fest, dass sich auf der Oberfläche des Kühlschmierstoffes Öl befindet.

   a) Wodurch lässt sich das aufgeschwommene Öl auf dem Kühlschmierstoff erklären?

   Durch die Kühlschmierung wird der Schmierfilm von den Führungsbahnen abgetragen. Das Schmieröl vermischt sich nicht mit dem Kühlschmierstoff und schwimmt auf.

   b) Wie beseitigen Sie das aufgeschwommene Öl?

   Das Öl kann mit einem Nasssauger abgesaugt werden.

5. Beim Wechsel des Kühlschmierstoffes wird Kühlschmierstoff auf den Boden verschüttet. Wie verhalten Sie sich?

   - Verschütteten Kühlschmierstoff mit Papiertüchern oder Aufsaugmitteln aufnehmen, dabei Schutzhandschuhe tragen,
   - getränkte Tücher oder Aufsaugmittel in dafür vorgesehene, gekennzeichnete Behälter sammeln.

Name	Klasse	Datum

5.4 Pflege von Kühlschmierstoffen

6. Die Pflege des Kühlschmierstoff wird in einem Protokoll erfasst und dokumentiert. Nachstehende Tabelle zeigt einen Auszug aus dem Protokoll.

SCHMIERSTOFFPFLEGE

Maschinenbezeichnung:	Drehmaschine	**Kühlschmierstoff:**	ISOPAL S55
Inventarnummer:	099 92 101	**Soll-Konzentration:**	5 - 6 %
Kostenstelle:	5235	**Soll-Nitritgehalt:**	< 20 mg/l
Füllvolumen:	15 l	**Soll-pH-Wert-Bereich:**	8 - 9,2

Datum	Konzentration (%)	pH-Wert	Bakterien/ Pilze	Nitritgehalt	Anmerkung/ Maßnahmen	Unterschrift
10. 05. 04	6,0	7,5		15 mg/l		
17. 06. 04	6,5	9,0		18 mg/l		
29. 08. 04	4,5	8,8		18 mg/l		
02. 11. 04	5,5	8,4		30 mg/l		

a) Am 10.05.2004 wurde ein pH-Wert gemessen, der unter dem vorgeschriebenen Wert liegt. Beschreiben Sie die durchzuführende Maßnahme.

Der Kühlschmierstoff ist auszutauschen; dabei ist der Kühlschmierstoffkreislauf der Drehmaschine vor der Neubefüllung zu reinigen.

b) Am 17.06.2004 wurde die vorgeschriebene Gebrauchskonzentration überschritten. Beschreiben Sie die durchzuführende Maßnahme.

Es wird neuer Kühlschmierstoff mit einer niedrigeren Konzentration zugeführt.
Reines Wasser würde sich nicht mit dem gebrauchten Kühlschmierstoff vermischen.

c) Am 29.08.2004 wurde die vorgeschriebene Gebrauchskonzentration unterschritten. Beschreiben Sie die durchzuführende Maßnahme.

Es wird neuer Kühlschmierstoff mit einer höheren Konzentration zugeführt.
Das Kühlschmierstoffkonzentrat würde sich nicht mit dem gebrauchten Kühlschmierstoff vermischen.

d) Am 02.11.2004 wurde ein Nitritgehalt ermittelt, der den vorgeschriebenen Grenzwert übersteigt. Beschreiben Sie die durchzuführende Maßnahme.

Es kann ein nitrithemmender Wirkstoff zugeführt werden oder der Kühlschmierstoff muss ausgetauscht werden.

Name	Klasse	Datum